세상에서 가장 재미있는 유전학
The Cartoon Guide to Genetics

THE CARTOON GUIDE TO GENETICS

Copyright © 1991 Larry Gonick and Mark Wheelis
Published by arrangement with HarperCollins Publishers. All rights reserved.
Korean translation copyright © 2007 by Kungree Press
Korean translation rights arranged with HarperCollins Publishers,
through EYA(Eric Yang Agency).

이 책의 한국어판 저작권은 EYA를 통하여
HarperCollins Publishers사와 독점 계약한 '궁리출판'이 소유합니다.
저작권법에 의해 한국 내에서 보호를 받는 저작물이므로 무단 전재와 복제를 금합니다.

세상에서 가장 재미있는
유전학

The Cartoon Guide to Genetics

래리 고닉 그림 · 마크 휠리스 글 | 윤소영 옮김

IN ANCIENT TIMES...
먼 옛날…

우리 조상들은 직접
부딪쳐서 자연을 이해했다.
그때는
모두가 생물학자였고,
세상 만물이 곧 학교였다!

처음에 사람들은 생물과 무생물을 구별할 수도 없었다고 한다. 만물이 살아 있다고 생각한 것이다. 그래서 모든 것이 생물학의 연구 주제가 되었다.

그 모든 것에는 나무와…

흠, 움직이는군!

…동물…

움직인다!

…그리고 돌멩이들까지 포함되었다!

뜨아! 또 움직이네!

연구를 하는 동안, 우리 조상들은 어떤 분명한 사실을 눈치챘을 것이다. 어떤 것들은 생식을 한다는 것이다.

사람들이
그걸 했고…

…매머드도
그걸 했고…

…그들의 소박한
생각에는 돌도
새끼 돌을
낳는 것처럼 보였다.

많은 학자들은 원시인들이 생식과 성의 관계를 이해할 수 없었다고 본다.
제아무리 똑똑한 석기시대인도 임신에서 출산까지의 9개월이란 긴 시간을 당해낼 수
없었을 거라나… 게다가 돌멩이의 생식과 성은 전혀 무관하니까!

몇 주째 지켜봤지만,
요놈들은 아무래도 그걸
안 하는 것 같아…

하지만 이 이론에는 조금 의심스러운 구석이 있다. 남자들이야 그 관계를 몰랐다 치자. 정말 여자들도 자기 몸속에서 무슨 일이 일어나는지 몰랐을까?

아기 만드는 거하고 그 일 사이에 뭔가 있는 것 같지 않아요?

맞아요, 그게 없으면 아기도 없거든요.

애들아, 부끄러워할 거 없다니까…

그 이론에 따르면, 사람들이 동물을 길들이면서부터, 바로 옆에서 가축의 생식 주기를, 그리고 짝짓기와 출산이 주로 일어나는 계절을 확인하면서부터 지혜의 빛이 찾아들었다고 한다.

그, 그러니까, 나도 양처럼…?

남자들도 아기를 만들 때 뭔가 하는 일이 있다는 건 엄청 충격이었을 것이다…
이 일로 사회에는 커다란 변화가 일어났다. 아버지의 날, 친자 확인 소송, 결혼, 그리고 부권사회 같은 것들이다. 하지만 그 문제들은 주제를 벗어나니 이쯤에서 접어두자.

여기에 콩 심은 데 콩 나는 식으로 어버이를 닮은 자손이 태어난다는 생각이 보태졌다. 최초의 유전학 지식이다.
이렇게 해서 응용유전학, 즉 품종 개량이 시작되었다. 목동들이 가축의 짝짓기를 조절하고, 제일 좋은 놈들을 골라내고 제일 못한 놈들을 제거하기 시작한 것이다.

그 결과,
당당하고 거칠던 야생 동물들이 온순하고 다루기 쉬운,
그야말로 한 마리 순한 양이 되었다.

사람들이 식물을 길들인 것도 바로 그때였다.

"이랴! 이랴!"

목동들과 마찬가지로, 초기의 농부들도 탐탁지 않은 것들은 뽑아버리고 제일 좋은 씨앗들만 골라 뿌렸다.

세계 곳곳에서 이런 일이 일어났다. 억세기만 한 잡초들이 하나둘씩 맛도 좋고 소출도 많은 작물로 변한 것이다. 아시아의 쌀, 보리, 밀, 대추야자, 아메리카 대륙의 옥수수, 호박, 토마토, 감자, 후추, 아프리카의 땅콩 등은 모두 사람이 특별히 개량한 것이다.

식물도 성을 갖는다. 다만 동물들처럼 그 일을 시끄럽게 치르지 않을 뿐이다. 사람들은 일찌감치 수분, 즉 가루받이의 중요성을 깨달았다. 꽃가루가 꽃에 닿아야만 싹이 틀 씨를 맺는 것이다.

  하지만

초창기의 농부들은 가루받이가 어떻게 작용하는지는 알지 못했다. 그래서 마술에 기대기로 했다. 여기 이 사람들은 아시리아 제국의 무당으로, 대추야자에 가루받이를 하고 있다. 기원전 800년경의 일이다.

과학과 마술의 경계를 넘나드는 이야기는 성서에도 나온다… 창세기 30장이던가….

THE CASE OF JACOB'S FLOCK
야곱의 염소 이야기

이 이야기에서 야곱은 장인 라반의 염소를 방목한다. 그리고 그 대가로 점 있는 염소는 모두 야곱이 갖고 라반은 검은 염소들을 갖기로 한다. 물론 얼룩 염소와 흑염소들을 교배할 수는 없는 조건이었다.

야곱의 염소   야곱   라반의 염소

성서에는 야곱이 사용한 마술이 상세히 나와 있다. 그는 우선 버드나무 가지를 꺾어서 '흰 줄무늬가 생기도록 여기저기 껍질을 벗겼다.' 그리고는 그것들을 염소 떼가 목을 축이는 물가에 두었다.

야곱이 이런 일을 한 이유는 콩 심은 데 콩 난다는 생각 때문이었다. 흰 버드나무 가지를 보여주어 라반의 검은 염소들이 흰 점이 생기도록 마술을 부린 것이다.

여기서 유전학적으로 정말 중요한 점은 라반의 까만 염소들이 정말 얼룩 염소들을 낳았고, 따라서 야곱은 점점 더 많은 염소를 갖게 되었다는 것이다! 도대체 왜?

이 이야기는 우리에게 유전 현상에 대한 정확한 관찰과 철저한 몰이해를 동시에 보여준다.

라반은 물론 무슨 영문인지 도무지 알 수가 없었다!

고대 역사에서 엿볼 수 있는 유전학 이야기 몇 토막

고대 중국인들은 춤추는 쥐들을 발견했다. 사실 그 쥐들은 돌연변이가 일어나 빙글빙글 돌면서 비틀비틀 걸어다녔을 뿐이다.

고대 인도인들은 어떤 병은 유난히 어떤 가계에서만 발병한다는 것을 알게 되었다. 나아가 아이들이 부모의 모든 특징을 물려받는다는 생각도 하게 되었다. 마누 법전에는 '천한 출신은 아무리 해도 그 혈통을 벗어날 수 없다'고 쓰여 있다.

그것이 카스트 제도의 기초이니라!

고대 그리스의 크세노폰도 사냥개를 사육하는 문제에 대해 다음과 같이 말했다.

그게 목적이라면 우선 좋은 개를 골라야 한다네.

크세노폰보다 더 깊이 생각한
다른 그리스인들은 처음으로 실질적인
유전 이론을 내놓았다. '아이들은 왜 부모를
닮는가?' 하는 질문을 제기한 것이다.

실제로, 철학자 소크라테스는
때때로 아이들이 부모를 닮지 않는
이유가 뭘까 하고 생각했다.
그리고 이렇게 말했다. "위대한
정치가의 아들은 대개 밥만 축내는
게으름뱅이들이니…. 모든 품성이
유전되는 것은 아니라는 점을 항상
명심해야 하느니라…"

불행하게도, 소크라테스는 이런
굴하지 않는 정직성 때문에
아테네인들의 미움을 사서
죽임을 당하고 만다.

고대 그리스에서 그래도 가장 조리 있는 유전 이론을 내놓은 사람은 유명한 의사 히포크라테스였다.

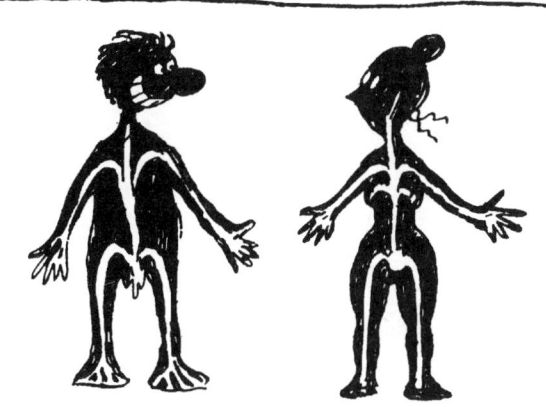

히포크라테스는 이 액체들이 온 몸에서 만들어진 뒤 생식 기관에 모여든다고 생각했다.

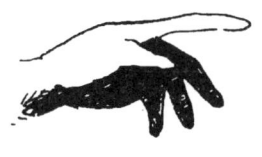

손가락에서 온 정액은 새로운 손가락을 만들고, 머리카락에서 온 정액은 새로운 머리카락을 만들고, 기타 등등.

히포크라테스는 남성의 정액이 유전에 관여한다고 주장했다. 또 여성에게도 비슷한 액체가 있을 거라고 했다.

또 수정이 일어날 때에는 두 가지 액체 간에 치열한 전투가 벌어진다고 했다. 이때 어느 손가락에서 온 액체가 이겼는가에 따라 아이 손가락이 엄마를 닮을지, 아빠를 닮을지가 결정된다나 어쩐다나….

그러나 아아 애통하여라. 후대의 유전학에 가장 큰 영향을 준 그리스인은 히포크라테스가 아닌 아리스토텔레스였으니… 그는 과학의 발전에 기여한 점도 있지만, 어떤 면에서는 '무식하면 용감하다'를 보여준 사람이었다. 이런저런 이론을 마구잡이로 만들어낸 것이다!

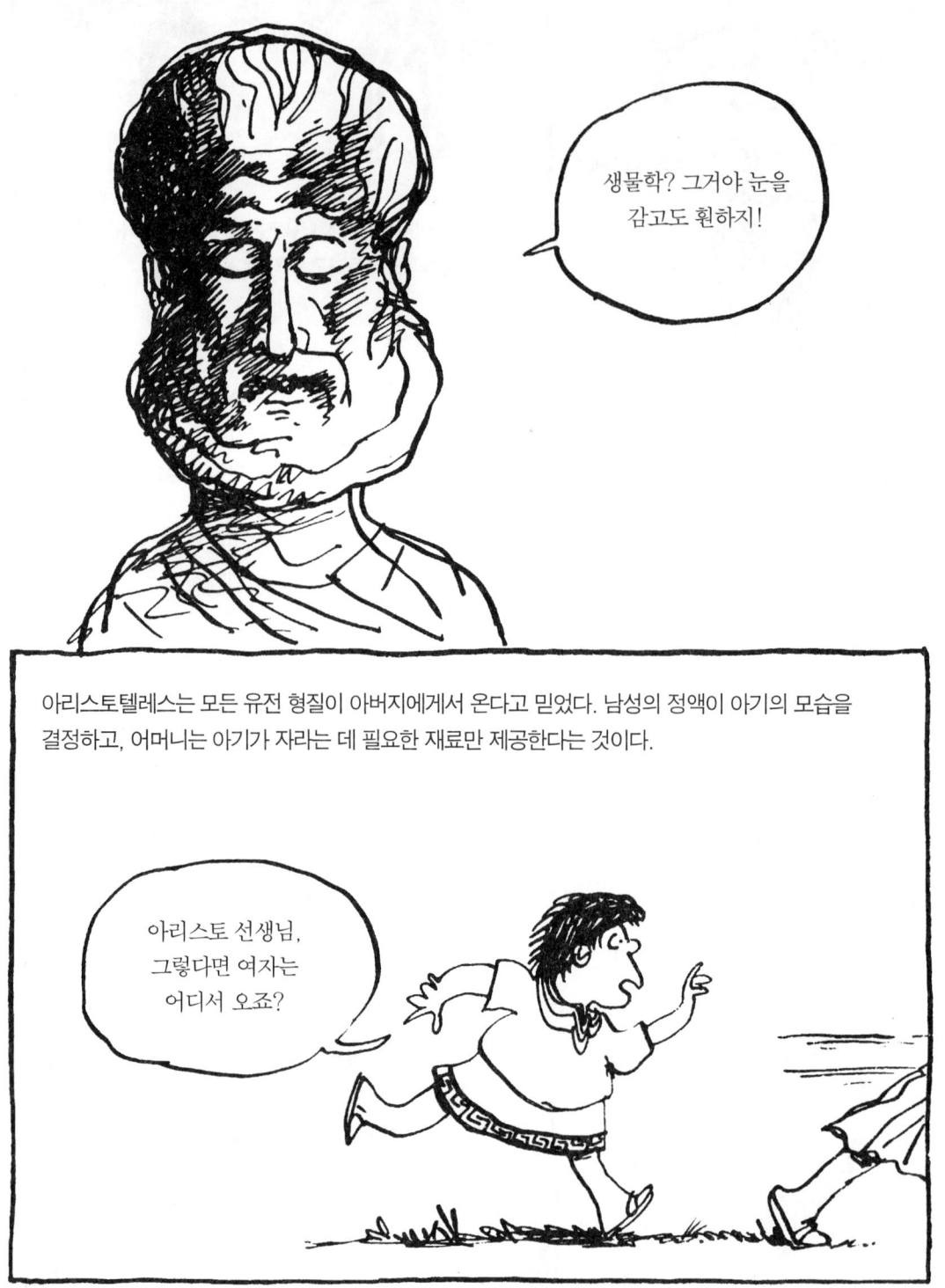

아리스토텔레스는 모든 유전 형질이 아버지에게서 온다고 믿었다. 남성의 정액이 아기의 모습을 결정하고, 어머니는 아기가 자라는 데 필요한 재료만 제공한다는 것이다.

그렇다. 말도 안 된다는 생각이 들 것이다. 그 이론에 따르면 모든 아이가 사내애들이 되어야 할 테니⋯ 하기야, 아리스토텔레스의 잠재 의식에는 정말 그러기를 바라는 마음이 있었는지도 모른다. 고대 그리스인들은 딸보다 아들을 훨씬 중히 여겼으니까.

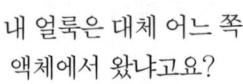 내 얼룩은 대체 어느 쪽 액체에서 왔냐고요?

글쎄, 괜찮은 이론인 것도 같다. 엄마도 아빠도 닮지 않은 아이들을 어떻게 설명할 것인가 하는 문제만 아니라면! 부모 모두 쌍꺼풀이 있는데 아이는 쌍꺼풀이 없는 경우도 있으니까. 또 야곱의 얼룩 염소를 잊어서는 안 되지.

철학자 엠페도클레스는 산모가 임신한 동안 조각상에 반하면 이런 일이 생긴다고 보았다.

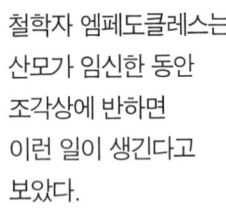

아주머니, 정신 좀 차리슈.

그리스 문명은 멸망할지라도 과학의 진군은 계속될지니!

고대 그리스의 문명을 계승한 것은 로마인들이었다. 그런데 그들은 철학에는 통 취미가 없었다. 그리고 생명의 과학보다 죽음의 기술을 더 좋아했다.

그들이 이룩한 유전학 이론이라고는 바람이 암말을 수태시킨다는 것뿐이었다.

중세에는 과학이 더 캄캄한 길로 접어들었다. 유전 이론은 기형아 출산 리스트에 불과한 것으로 전락했다.

그 중에는 진짜도 있었을 것이다. 하지만 청천벽력과 함께 반 토막 난 암소가 하늘에서 떨어졌다는 이야기에 접어들면 조금 난감해진다.

물론 단순한 허풍이거나 아니면 누군가가 지어낸 우스개였을 가능성도 있다.

중세에 특히 오해를 불러일으킨 이론이 있다.
이름하여 자연발생설이다.

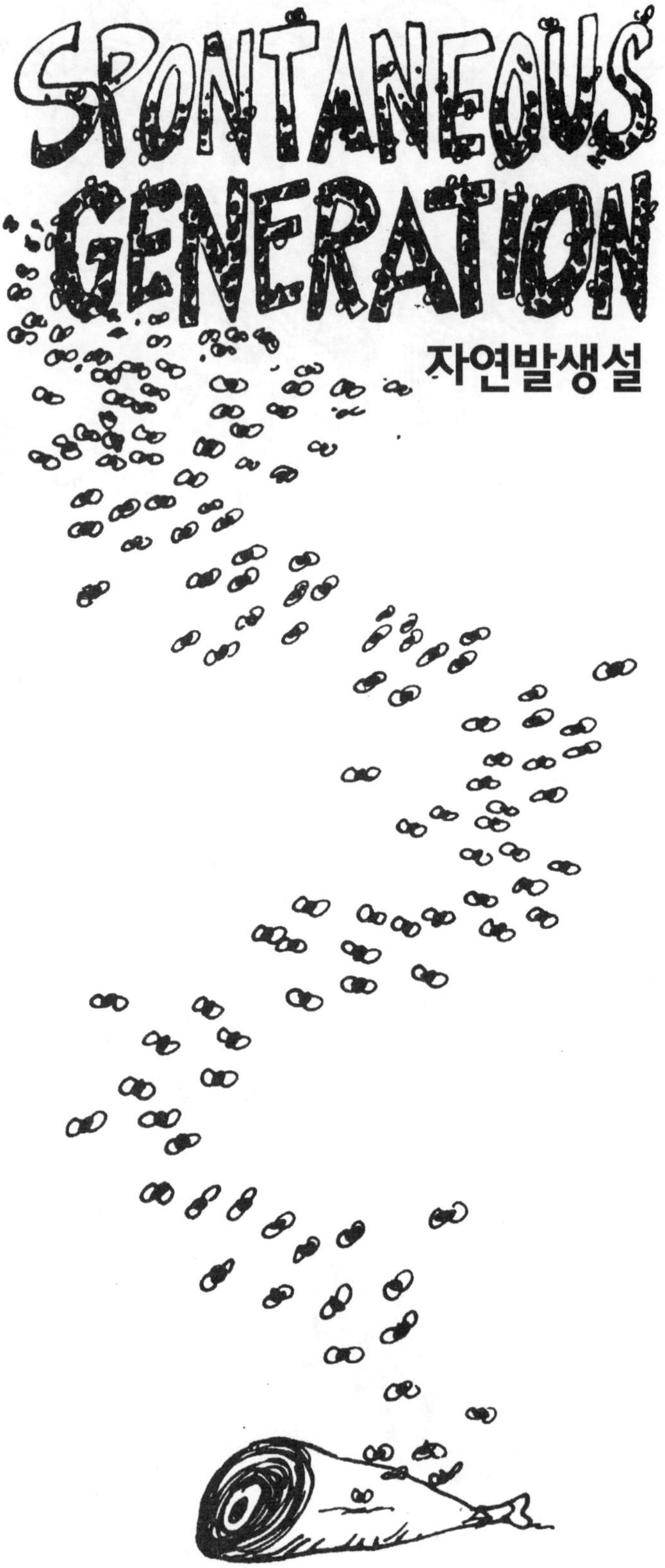

SPONTANEOUS GENERATION
자연발생설

이 정도야 상식이지!

고대 그리스에서 비롯된 이 이론은 생물이 무생물에서 자연적으로 생긴다는 것이다.

엄마!

썩은 고기에서는 구더기가, 말의 털에서는 벌레들이, 진흙땅에서는 개구리, 쥐, 곤충들이 생긴다는 것이다!

자연발생설이 왜 그렇게 인기를 끌었는가는 쉽게 상상할 수 있다. 진창이 널려 있는 곳에서는 매일 그런 일이 일어나는 걸 보게 되니까!

17세기에 간단한 실험으로 자연발생설에 도전하는 사람이 나타났다.

참신한 실험의 주인공은 바로 이탈리아의 프란체스코 레디였다.

나? 레디! 레디~고!

레디는 몇 개의 단지 속에 생고기 조각을 넣은 뒤, 일부는 무명 천으로 단단히 싸두고, 일부는 그대로 열어두었다.

시간은 흘러, 열어놓은 단지에서만 구더기를 볼 수 있었다.

구더기들은 점점 자라 번데기가 되더니, 마침내 파리가 되었다!

이 실험으로 레디는 구더기는 파리에서, 파리는 구더기에서 생긴다는 것을 보았다. 썩은 고기에서 자연 발생하는 것은 보이지 않았다.

하지만 자연발생설을 믿는
사람들도 그렇게
호락호락하지는 않았다.

사람들은 여전히
모래에서는 벼룩이,
곡식에서는 바구미가,
이슬방울에서는 실벌레가
생긴다고 믿었다.

* *

하지만 네덜란드의 아마추어
과학자 안토니 반 레벤후크는
현미경을 이용해서 벼룩,
바구미, 실벌레의 문제를
해결했다.

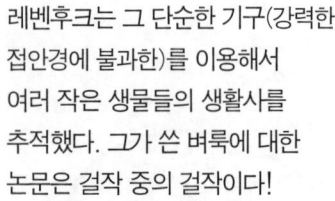

레벤후크는 그 단순한 기구(강력한 접안경에 불과한)를 이용해서 여러 작은 생물들의 생활사를 추적했다. 그가 쓴 벼룩에 대한 논문은 걸작 중의 걸작이다!

그는 벼룩도 물고기나 개, 사람처럼 암수가 있다는 사실을 발견했다.

이 네덜란드 과학자는 그 밖에도 두 가지 중요한 발견을 했다.

그는 처음으로 세균을 발견했다. 현대 유전학에서 아주 중요한 의미를 갖는 그 초소형 생물 말이다.

그는 정자도 발견했다. 정액을 조사해서 수백만 마리의 조그만 올챙이들을 확인한 것이다.

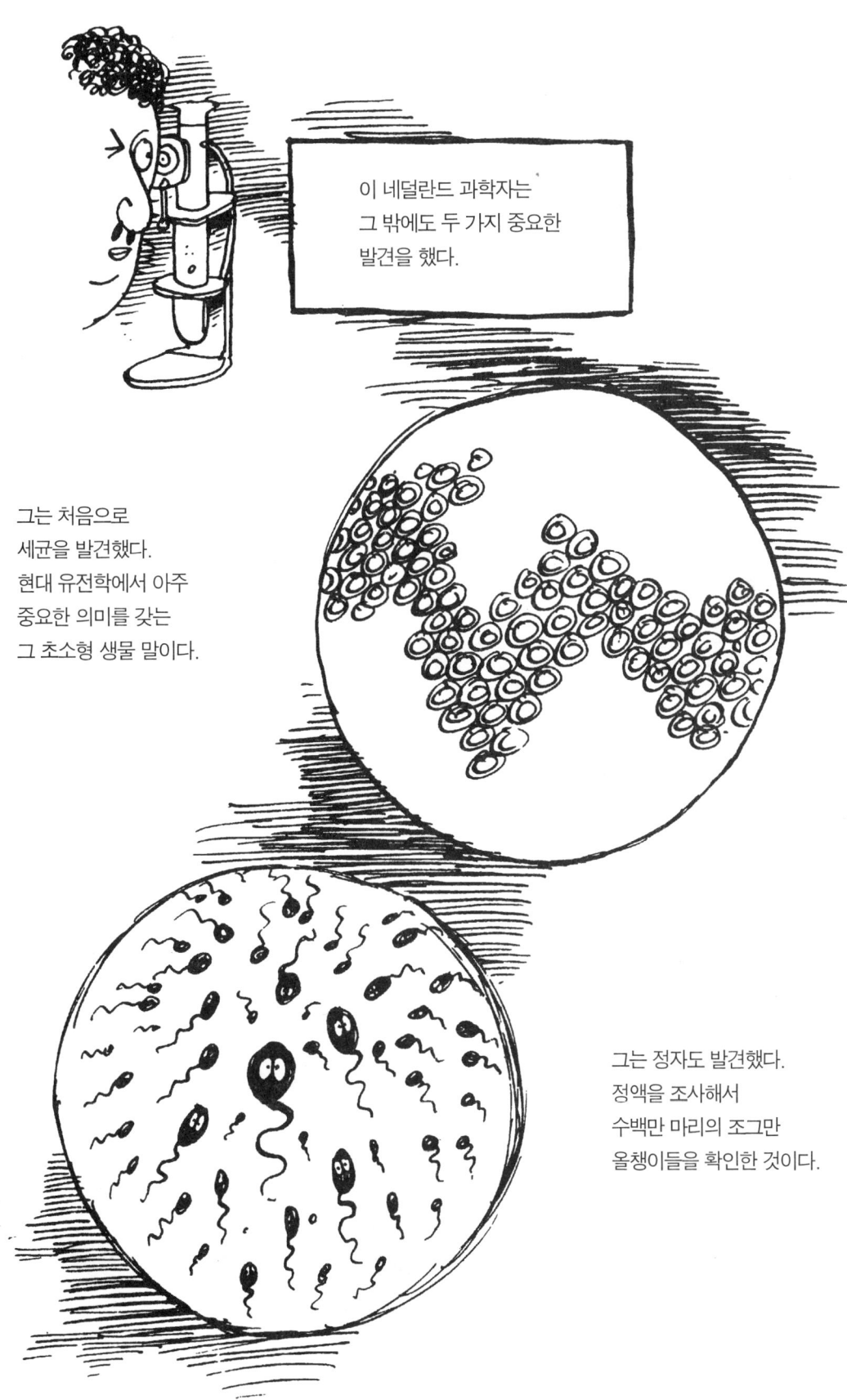

어떤 이는 이 발견이 판도라의 상자를 열어놓았다고도 한다. 잘못된 개념들이 마구잡이로 유포되었다는 것이다. 예를 들면, 레벤후크는 정자 속에 완전한 새 생명이 축소된 형태로 들어 있다고 믿었다.

하지만 이런 생각에는 확실히 문제가 있다. 그 생명이 사내아이라면 작은 고환, 즉 정소를 갖고 있고, 그 속에는 더 작은 정자가 들어 있을 것이다. 그렇다면 그 각각의 정자들은 훨씬 더 작은 완전한 생명을 담고 있어야 한다. 이런 일이 무한히 계속되는 것이다.

작은 현미경 좀 주세요!

모든 것은 알에서!

레벤후크가 정자에 대해
고민하는 동안
다른 과학자들은 생식에서
암컷의 역할을
연구하고 있었다.

윌리엄 하비(1578~1657)는
닭의 배 발생을 연구하고
모든 동물이 알에서
생겨난다고 확신하게 되었다.

하비는 포유류의 알을 찾아다니기 시작했다.

그는 왕에게 부탁해서 왕실 사슴 사냥터에서 포유류의 알을 찾기 시작했다. 수십 마리의 사슴을 해부한 하비는, 결국 실패를 인정할 수밖에 없었다.

그 신비의 알을 찾는 일은 200년 동안이나 계속되었지만, 어느 누구도 그것을 찾을 수는 없었다.

여기엔 다 그만한 이유가 있다. 포유류의 알(난자)은 현미경으로나 보이는 데다가, 극히 드물기까지 하니까.

포유류의 암컷은 매우 적은 알을 낳는다. 사람의 경우 한 달에 한 개밖에 만들어지지 않는다. 남성들이 만드는 수억 개의 정자와 비교해보라.

그럼에도 포유류의 알을 찾는 노력은 계속되었다. 포유류도 알이 있음을 말해주는 확실한 근거가 있었기 때문이다. 사람도 난소와 수란관이 있는데, 알이 없다는 건 말이 안 되지….

포유류도 알이 있다는 과학자들의 신념은 매우 확고했다. 마침내 그 알을 보았을 때에도(1827년, 개의 알) 놀라움보다는 안도감이 더 컸을 정도다.

마지막 남은 수수께끼를 푼 것은 오스카 헤르트비히였다. 한 개의 난자와 한 개의 정자가 합쳐지는 수정 과정을 관찰한 것이다.

한편

식물의 성에 대해서도 많은 연구가 이루어졌다.

1700년까지는 카메라리우스(1665~1721)의 연구로 식물의 사생활이 상당 부분 밝혀졌다. 카메라리우스가 식물 이름이 아닌가 하고 착각할 정도로…

그는 꽃들도 동물처럼 생식 기관이 있음을 밝혔다.

게다가 그걸 밖으로 내밀고 있다니까…. 낯뜨거운 줄도 모르고!

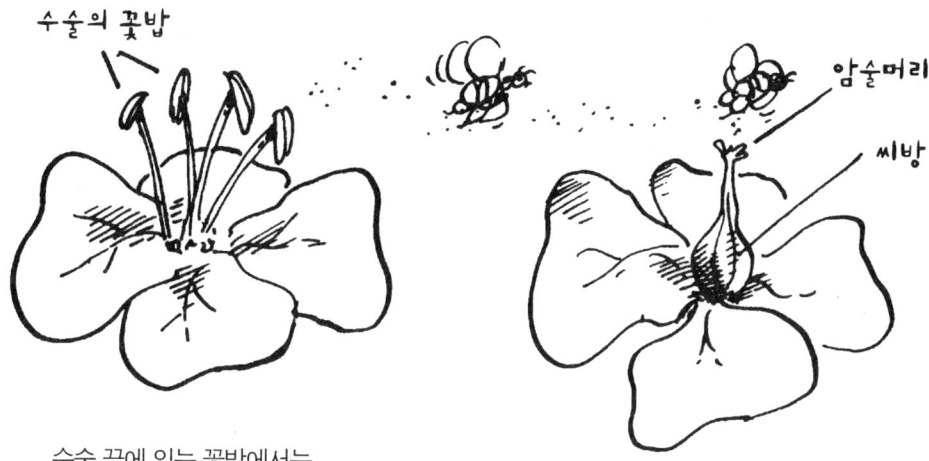

수술 끝에 있는 꽃밥에서는 꽃가루(화분)들이 만들어진다. 이것들은 동물의 정자에 해당한다.

암술 위쪽의 암술머리에는 꽃가루가 달라붙는다.

꽃가루는 씨방으로 뚫고 들어가, 밑씨가 자라도록 한다.

일이 복잡해지려고 그러는지, 많은 꽃들은 암술과 수술을 모두 갖고 있다. 따라서 자기수정을 할 수도 있다.

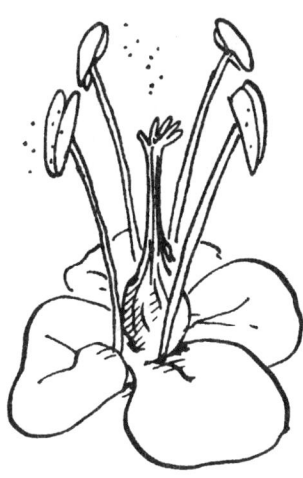

이렇게 해서, 19세기 초까지는 동식물 모두 성과 관계가 있다는 사실이 알려졌다. 수컷은 정자나 꽃가루를 만들고, 암컷은 난자나 밑씨를 만든다는 것이다. 그리고 자연발생설은 거의 자취를 감추었다.

울 엄니는 배추밭에서 아기를 데려온다고 하셨는데….

그럼 울 엄니가 거짓말쟁이란 말아?

TO BREED OR NOT TO BREED?

기르느냐 마느냐, 그것이 문제로다.

이런 과학자들 이야기에만 빠져서, 응용 유전학에 앞장선 사람들을 잊어버려서는 아니 될 것이다.

들판에서 온갖 궂은일을 도맡아 한 농부와 목동들이 바로 그들이다.

죄송!

그들에게도 19세기 초반은 대도약의 시기였다. 농사일에 대한 실천적인 의문이 유전자의 발견으로 이어진 것이다.

그들이 경험으로 이미 알고 있던 내용을 확인해보자.

1.

몇몇 안정된 품종들은 순종을 낳는다. 자손이 어버이와 같은 특징을 나타내는 것이다. 예를 들면, 매킨토시 사과, 아라비아 말, 101마리 달마시안, 파란 눈의 사람 등등.

반면 어떤 혈통은 커다란 다양성을 보여준다. 야곱의 염소는 색의 변이가 나타난 사례이다. 갈색 눈동자를 가진 사람들이 푸른 눈의 자녀를 낳는 경우도 마찬가지이다.

2.

이런 잡종은 있을 수 없겠지!

서로 다른 두 품종이 잡종을 낳기도 한다. 예를 들어 노새는 암말과 수나귀 사이에서 태어난 잡종이다. 물론 모든 잡종이 다 그런 것은 아니다.

돼지나무   딸기인간

잡종을 알아보는 건 쉬운 일이 아니다. 어버이 중 어느 한쪽과 거의 똑같은 잡종도 있고, 양친의 특징을 두루 갖춘 잡종도 있다. 더구나 잡종과 잡종이 만난 경우에는 말해 무엇하리!

3.

모든 품종은, 심지어 안정된 것들까지도 이따금씩 돌연변이를 낳는다. 자손이 어느 쪽 어버이도 닮지 않는 것이다. 이들은 커다란 장애를 갖는 기형을 보여주기도 한다.

그렇지만 별로 문제될 것이 없는 돌연변이가 태어나기도 한다. 1800년경에 발견된 땅딸막한 다리의 양 같은 것들이다.

19세기의 농부들은, 이 돌연변이들을 정상적인 것들과 교배해서 몇 가지 안정된 품종들을 만들어낼 수 있었다. 새로운 품종의 밀, 완두, 딸기, 그리고 뿔 없는 소, 다리 짧은 양 같은 것들이 이렇게 생겨났다.

하지만 모든 일에는 시행착오가 있어서, 항상 바라는 결과만 나오는 것은 아니었다. 그래서 사람들은 유리한 특징들만 골라내서 새로운 품종을 만드는 어떤 과학적인 방법이 없을까 하고 생각하게 되었다.

HOWEVER, 그러나

수많은 노력이 있었으나, 정말로 어디에나 통하는 유전 법칙은 발견되지 않았다.

어떤 이들은 너무 많은 특징에서 차이가 있는 품종들을 교잡해서 혼란을 자초하기도 했고

어떤 이들은 각각의 교잡에서 생겨난 변종의 수를 제대로 헤아리는 데 실패했다.

"제기랄, 벼룩 쫓다가 세월 다 가는군!"

그 일은 정말 가망이 없어 보였다. 과학자들은 하나 둘 그 일을 포기하고 좀더 쉬운 문제에 매달리기 시작했다. 마침내 유전 법칙이 발견되었을 때 그것이 30년 동안이나 철저히 무시당한 것도 바로 이런 이유 때문이었다.

MONK FINDS GENE; WORLD YAWNS!

수도사, 유전자 발견! 그러나 세상은 하품만 하다!

아~흠!

50년간의 연구로도 명확한 유전 법칙은 발견되지 않았다. 정확한 법칙의 발견은 분명, 초인적인 끈기와 무제한의 시간 그리고 기적 같은 행운이 없으면 불가능한 일이었다.

그러니 그 일이 수도원에서 일어난 것도 놀랄 일은 아니지.

GREGOR MENDEL

그레고르 멘델 (1822~1884)

오스트리아, 브륀의 아우구스티노 수도회 수사였다. 그는 짬이 날 때마다 수도원 정원에서 완두를 가꿨다.

그런데 멘델은 그냥 단순한 정원사가 아니라 정성을 다해 완두를 관찰하고 연구한 과학자였다.
완두를 '내 새끼들'이라고 부를 정도였으니….

어떤 아빠가 자식들을 갖고 실험을 하냐구요?

멘델이 완두를 선택한 것은 기적 같은 행운이었다. 유전학 연구에는, 잡종을 만들 수 있는 안정된 품종이 많은 완두가 안성맞춤이었기 때문이다.

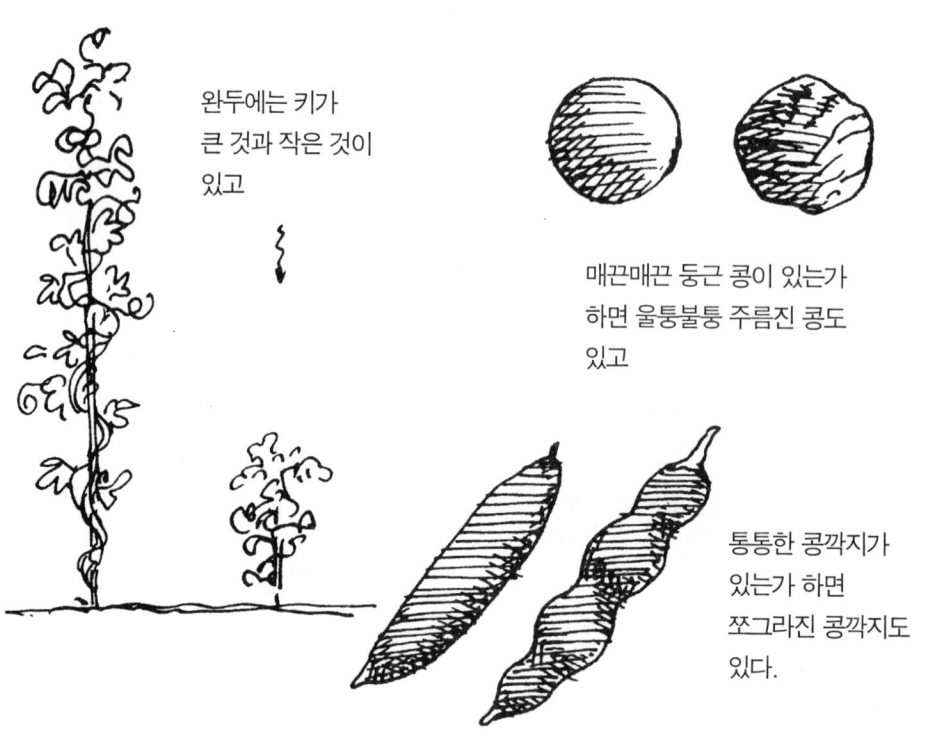

완두에는 키가 큰 것과 작은 것이 있고

매끈매끈 둥근 콩이 있는가 하면 울퉁불퉁 주름진 콩도 있고

통통한 콩깍지가 있는가 하면 쪼그라진 콩깍지도 있다.

완두는 또한 콩이 녹색인 것과 노란색인 것이 있으며, 씨껍질이 회색인 것과 흰색인 것, 흰색 꽃이 피는 것과 자줏빛 꽃이 피는 것이 있다. 또 여물지 않은 콩깍지의 색깔, 콩 단백질의 색깔 그리고 꽃이 피는 위치에서도 차이가 났다.

모든 완두꽃은 암술과 수술을 갖고 있어서 대개 자가수정을 한다.

HOW MENDEL MADE HYBRIDS:
멘델은 어떻게 잡종을 만들었나

우선 성숙하지 않은 상태의 꽃밥을 잘라내서 자가수정을 막는다.

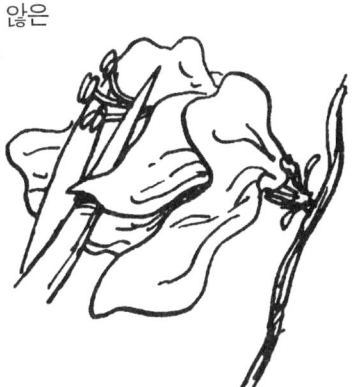

그 뒤 원하는 아비에게서 얻어온 꽃가루를 암술머리에 발라준다.

마지막으로, 꽃에 봉지를 씌워 또 다른 꽃가루가 묻지 않도록 한다.

멘델은 이런 방법으로 각 세대의 혈통을 조절할 수 있었다.

쳇, 저 수도사는 자기가 신인 줄 아나봐!

멘델이 처음으로 얻은 중요한 성과는 우성의 발견이었다. 키 큰 완두와 키 작은 완두를 교배하면 어떤 일이 일어날까? 중간 크기의 완두가 나올 거라 예상했겠지.

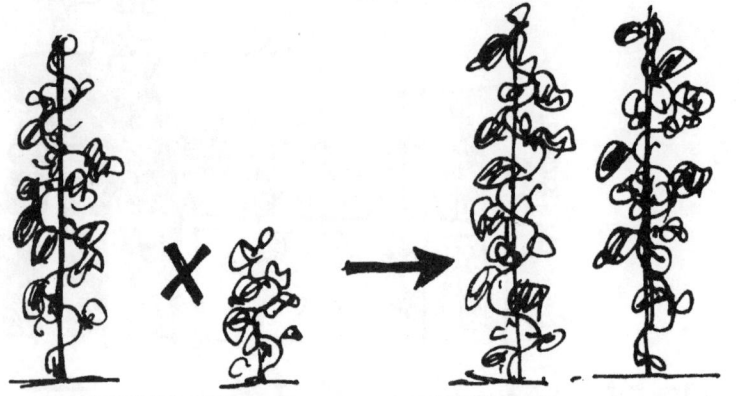

하지만 실제로는 모든 잡종의 키가 컸다.

멘델은 이 일을 다음과 같이 표현했다. 키가 큰 것은 우성이고 키가 작은 것은 열성이었다(물론 완두에서는!). 그리고 다른 모든 경우에도, 한 형질이 우성으로 드러났다.

둥근 콩은 주름진 콩에 대해, 통통한 콩깍지는 쪼그라진 콩깍지에 대해, 회색 씨껍질은 흰색 씨껍질에 대해 우성이랍니다. 또…

어느 쪽이 꽃가루를 내놓고 어느 쪽이 밑씨를 만드는지는 문제가 되지 않았다. 큰 것과 작은 것의 잡종을 만들면 언제나 키가 컸기 때문이다.

그런데 이 잡종들을 교배하자 재미있는 일이 벌어졌다.

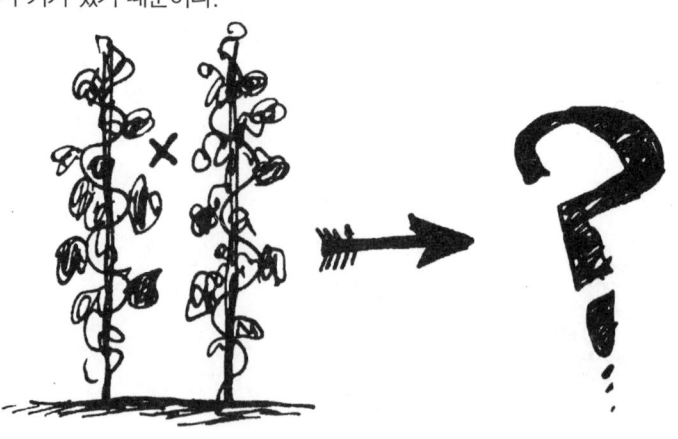

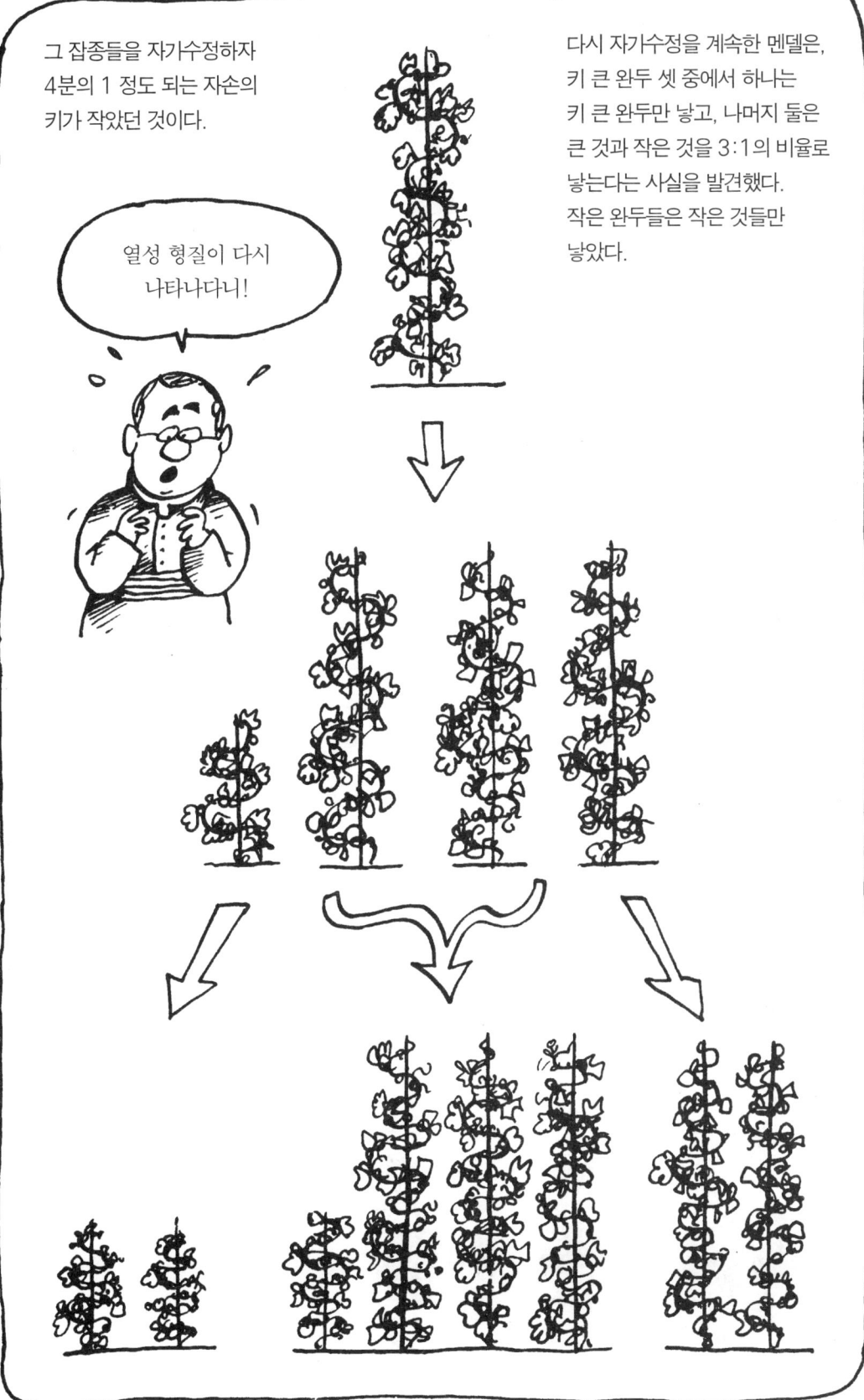

멘델의 해석

꽃가루와 밑씨에는
완두의 키를 결정하는
무엇인가가
들어 있다.
이 '무엇인가'를
유전자라고 한다.

꽃가루와 밑씨는 제각기 한 개의 키 유전자를 갖고 있다. 따라서 그것들이 결합해서 생긴 식물은 두 개의 키 유전자를 갖는다.

유전자는 서로 다른 한 쌍의 대립
유전자 중 하나이다. 한쪽의 대립
유전자 A는 키가 큰 형질을
나타내고, 다른 하나인 a는 키가
작은 형질을 나타낸다.

하나의 식물은 같은 대립 유전자들을 가질 수도 있고, 서로 다른 대립 유전자들을 가질 수도 있다.

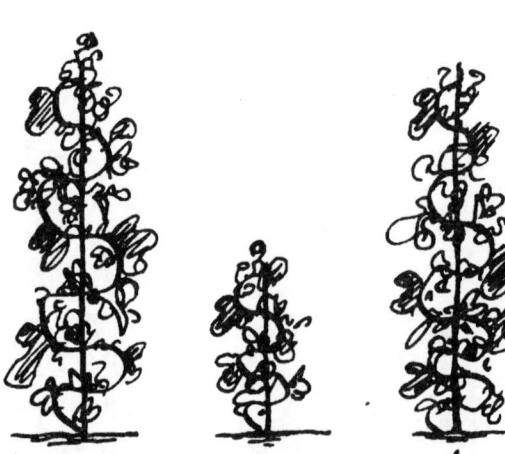

대립 유전자 A는 a에 대해
우성이다. 이는 Aa인 식물은
키가 크다는 뜻이다. 대립
유전자들이 서로 뒤섞여
융합하는 일은 일어나지 않는다.

AA가 AA와 만나 자손을
만들면 어떻게 될까? 각각의
꽃가루와 밑씨는 유전자
한 개를 갖는다. 그런데 이 경우
대립 유전자가 모두 같고(A),
따라서 그 자손은 다시
AA가 될 것이다. 키가
크다는 뜻이다. 마찬가지로
aa도 aa밖에 낳지 못한다.
키가 크든 작든, 이들은 모두
안정된 품종들이다.

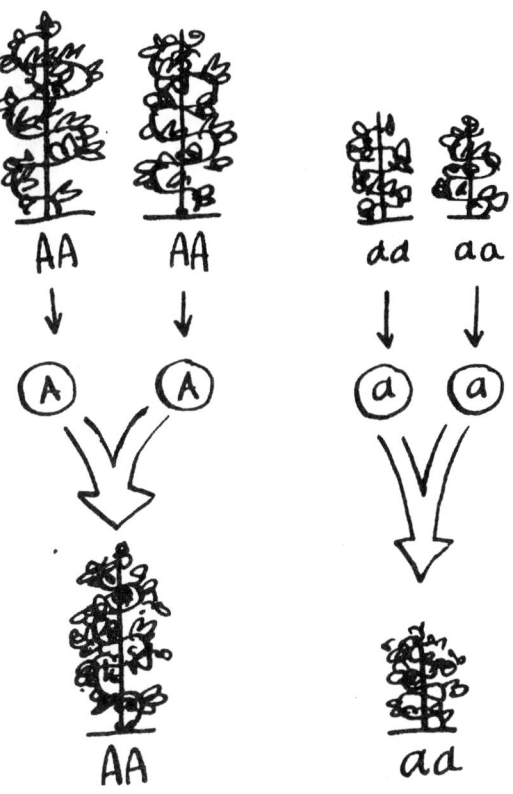

멘델의 잡종 제1대는
AA와 aa가 교배된 것이다.
AA에서 온 꽃가루(또는
밑씨)는 A만을 포함하고,
aa에서 온 밑씨(또는
꽃가루)는 a만을 포함한다.
그 결과, 키가 큰 Aa가
생긴다.

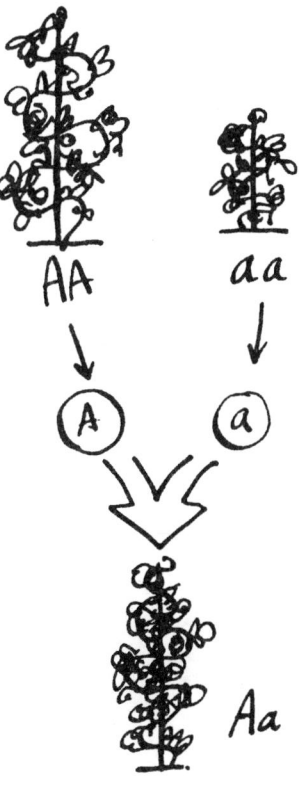

이 잡종이 자가수정할 때에는 A와 a의 대립 유전자들이 꽃가루와 밑씨에 무작위로 배치된다. A와 a가 거의 같은 비율로 나타나는 것이다.

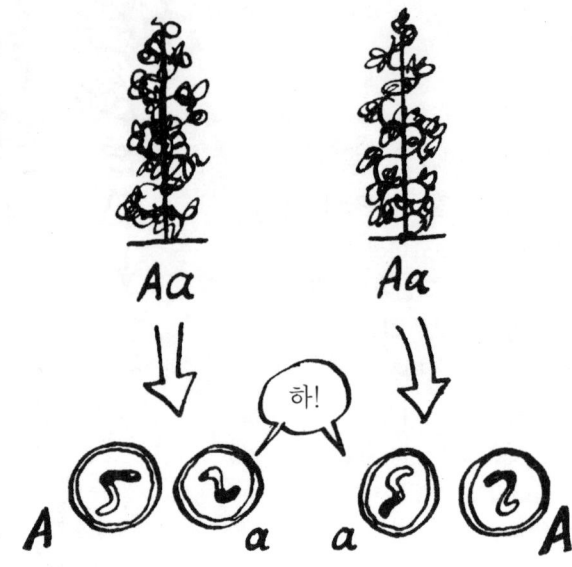

밑씨와 꽃가루가 합쳐지는 방식은 다음 네 가지가 있을 수 있다.

키 작은 꽃가루, 키 작은 밑씨

키 큰 꽃가루, 키 작은 밑씨

키 작은 꽃가루, 키 큰 밑씨

키 큰 꽃가루, 키 큰 밑씨

요약하면 이 그림과 같다. 각각의 작은 상자 속에 있는 것은 교배로 태어날 자손이다.

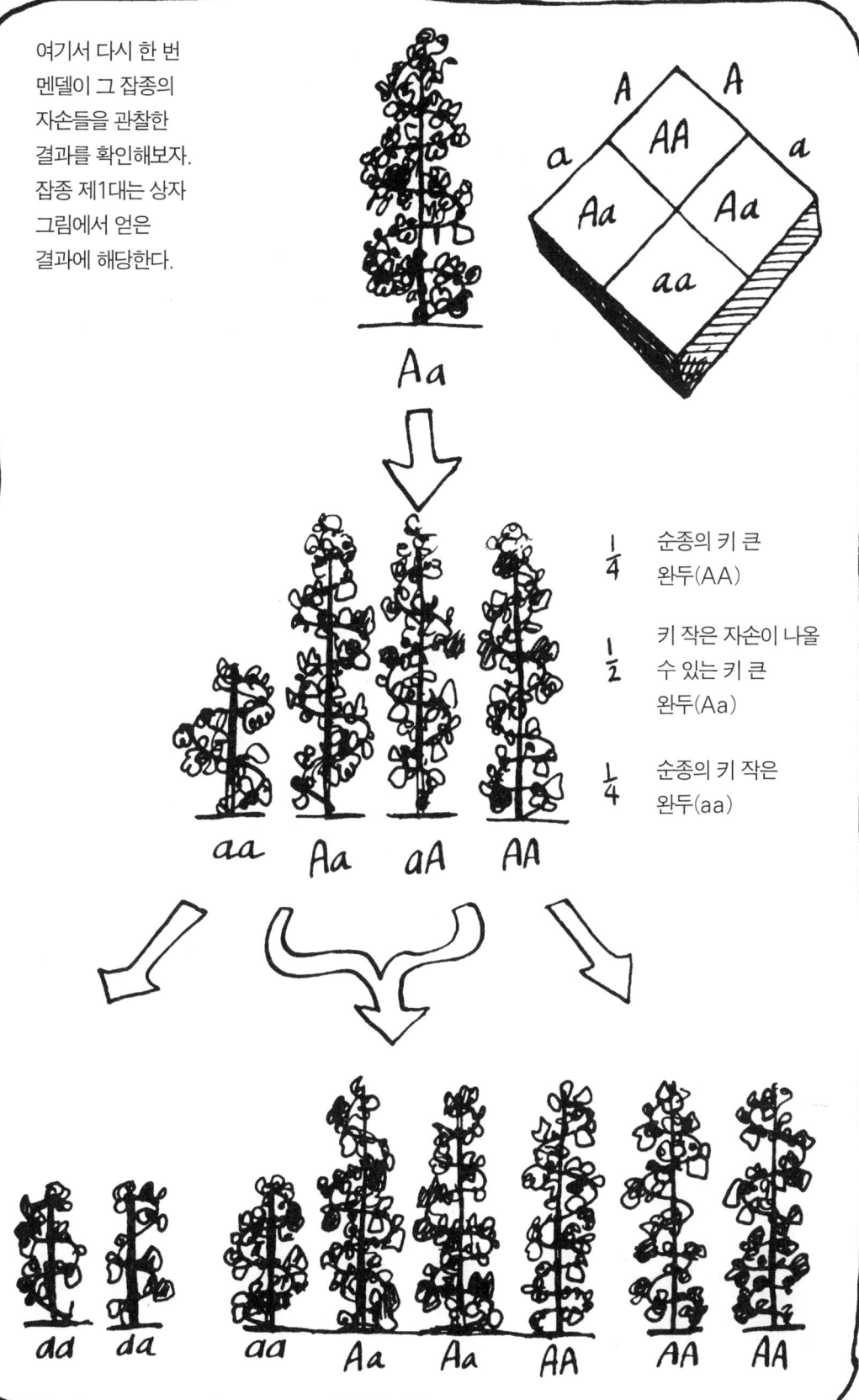

멘델은 둥근 완두와 주름진 완두, 자줏빛 꽃과 흰 꽃, 그리고 다른 많은 것들을 교배해보았다. 그리고 모든 경우에, 형질을 결정하는 것은 서로 다른 한 쌍의 대립 유전자이며, 그 대립 유전자는 한쪽이 다른 한쪽에 우성이라는 것을 알게 되었다.

  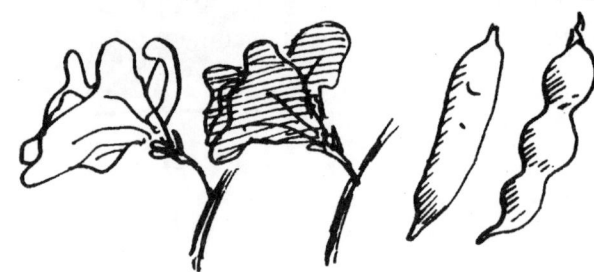

그렇다면 꽃가루와 밑씨는 하나하나가 생물의 유전 형질을 담당하는 조그만 '무엇인가'로 가득 차 있을 거라는 생각이 들었다. 너무 붐비겠지만!

이렇게 만원인 데서 어떻게 일을 하겠냐구?

오버하지 마. 넌 열성이잖아?

주님은 아실 거예요. 그것들이 얼마나 작은지!

멘델은 유전자를 본 적은 없지만, 쪼개지지도 합쳐지지도 않는 이 '유전의 원자'가 유전 현상을 지배한다는 결론을 얻었다. 그것 때문에 대대로 생물의 특징이 유지된다는 것이다.

멘델은 이번에는 두 가지 형질이 다른 식물들을 교배해보았다. 예를 들면, 키가 크고 둥근 콩이 달리는 완두와 키가 작고 주름진 콩이 달리는 완두를 교배한 것이다. 이 실험의 초점은 생식을 할 때, 식물의 키와 종자의 모양이라는 두 특징이 어떻게든 서로 관계를 갖는가, 아니면 서로 독립되어 있는가 하는 점이었다.

우선 둥근 종자의 대립 유전자를 S, 주름진 종자의 대립 유전자를 s라고 하자. 물론 S가 우성이다.

SS   Ss   ss

이제 AASS와 aass를 교배하자.

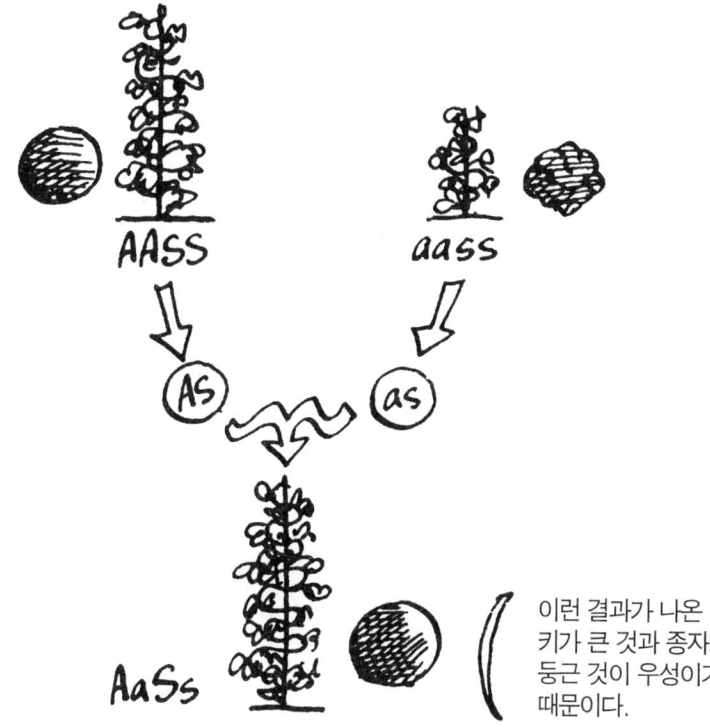

(이런 결과가 나온 건 키가 큰 것과 종자가 둥근 것이 우성이기 때문이다.)

이제 그 잡종을 자가 수정해보자.

만약 완두의 키와 종자의 모양을 위한 유전자들이 서로 독립해서 가려진다면, 여기 나온 유전자의 꽃가루와 밑씨들이 나올 확률은 모두 같다.

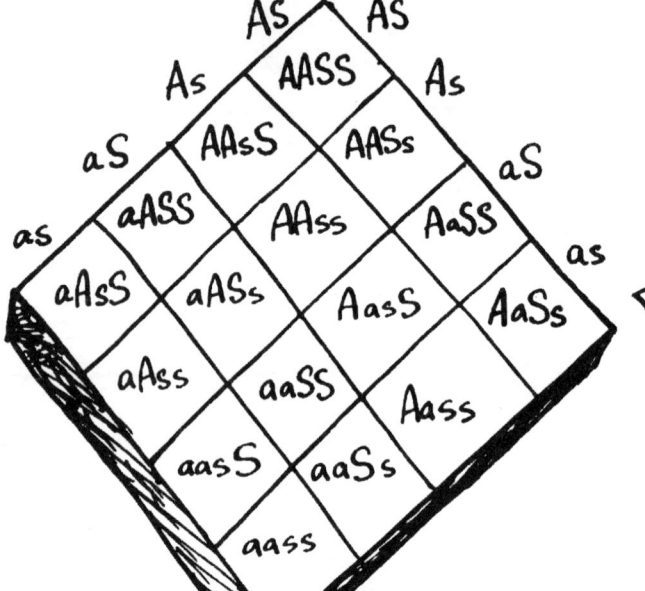

그것들의 교배 방식을 상자 그림으로 만들면 이렇게 된다.

또는

1 AASS		
2 AASs	} 9	키가 크고 둥근 완두
2 AaSS		
4 AaSs		
1 AAss	} 3	키가 크고 주름진 완두
2 Aass		
1 aaSS	} 3	키가 작고 주름진 완두
2 aaSs		
1 aass	1	키가 작고 둥근 완두

멘델의 관찰 결과도 이렇게 9:3:3:1의 비율로 나타났다. 이 실험은 독립의 법칙을 증명해주었다. 어느 한 쌍의 대립 유전자들은 다른 쌍의 대립 유전자들과 독립해서 유전된다는 것이다(머잖아 우리는 이 법칙이 항상 유효한 것은 아님을 알게 될 테지만!).

이제 유전자의 작용 방식을 알게 되었으니, 유전학 용어도 좀 알아둘 필요가 있겠지. 현대 유전학자들이 하는 이야기를 엿듣고 싶다면….

대장균을 이용해서 G와 A 사이를 절단하고…. DNA 리가아제로 플라스미드에 이식해서 재조합하면….

아니, 아니… 그런 것들 말고….

유전학자들은 표현형과 유전자형을 구별해서 말한다. 표현형은 겉으로 드러난 특질을 말하며, 유전자형은 그것이 가진 대립 유전자들을 가리킨다.

같은 표현형, 다른 유전자형

어떤 생물이 일정한 유전자에 같은 대립 유전자들을 갖고 있으면 순종, 또는 호모(동형 접합자)라 하고, 다른 대립 유전자들을 갖고 있으면 잡종, 또는 헤테로(이형 접합자)라고 한다.

이제는 여러분도 '표현형은 둥근 완두인데, 유전자형은 헤테로군' 하는 말이 무슨 뜻인지 알 것이다.

그럼, 헤테로에 대해 좀더 얘기해 볼까요?

말이 난 김에, 이제는 야곱의 얼룩 염소에 대해 생각해볼 때가 되었다.

흑염소의 대립 유전자, B는 우성이었다. 그런데 흰 얼룩이 나타나도록 하는 열성 대립 유전자, w도 있었다. 표현형이 검은색인 라반의 여러 염소들은 이 w를 숨기고 있었다. 따라서 그들 사이에서 난 새끼들 중에 얼룩 염소가 끼어 있었던 것이다.*

다시 말해서

* 털 색깔의 유전은 여기서 설명한 것보다 복잡하지만 원리는 같다. 열성 대립 유전자의 존재가 바로 그것이다.

 **질문**

우성의 표현형을 만났을 때, 그것이 헤테로인지 아닌지 어떻게 알 수 있을까?

예를 들어 사람의 갈색 눈은 푸른 눈에 대해 우성이다. 그 유전자들을 각각 B와 b라고 하자.

어떻게 하면 이 갈색 눈의 사나이가 BB인지 Bb인지 알 수 있을까?

한 가지 방법은 이 사람을 열성의 호모(bb), 즉 푸른 눈을 가진 사람과 결혼시키는 것이다.

무슨 말씀을…. 전 이 실험에서 빼주세요. 사제의 서약이 어떤 건지 아시잖아요?

맞아…. 다른 사람을 찾아야겠군.

푸른색

갈색

푸른 눈의 부인과 푸른 눈의 아이를 가진 갈색 눈의 아버지는 반드시 헤테로, 즉 Bb이다. 아버지가 BB라면 모든 자녀는 Bb로 갈색 눈이 되기 때문이다.

예를 들어보자. 내 첫번째 아내는 갈색 눈이고, 나는 푸른 눈이다. 그 사이에서 난 아들 가운데 한 녀석은 파란 눈이고, 한 녀석은 갈색 눈이다. 그렇다면 내 첫번째 아내는 헤테로가 된다 (파란 눈의 아들은 엄마에게서 열성 대립 유전자를 받거든). 상자 그림을 직접 한번 그려보시라!

내 두번째 아내는 나처럼 푸른 눈이다. 그런데 만일 우리 아이가 갈색 눈이라면 어떻게 해석해야 할까? 우유 배달부 눈이나 들여다봐야 할까?

아래 목록은 사람의 우성과 열성 유전자들이죠!

★ 갈색 눈은 파란 눈에 대해 우성이다.

★ 색맹은 정상에 대해 열성이다.

★ 대머리는 대머리 아닌 경우에 대해 열성이다.

★ 혀 말기의 능력은 말 수 없는 경우에 대해 우성이다.

★ 육손이는 정상에 대해 우성이다(이상하겠지만 사실임!)

두 개의 열성 유전자는 혈우병, 겸형(낫모양) 적혈구 빈혈증, 테이색스병, 지중해 빈혈, 소인증(왜소 발육증) 등의 희귀한 질병을 일으키기도 한다.

요약하면…

중요한 결과들이지.

1. 유전 형질을 결정하는 것은 잡종일 때에도 본성을 그대로 유지하는 유전자들이다. 유전자들은 결코 융합하지 않는다.

열성에는 양보 못해.

2. 어떤 유전자의 한 가지 형태(대립 유전자)는 다른 것에 대해 우성이다. 열성 유전자는 나중에 갑자기 발현될 수 있다.

그게 내 얼룩 염소의 비밀이야!

3. 모든 생물은 각각의 유전자를 두 벌씩 갖는데, 한 벌은 부계에서, 한 벌은 모계에서 물려받는다. 정자나 꽃가루, 난자나 밑씨가 만들어질 때에는 유전자를 한 벌씩만 갖는다.

4. 서로 다른 대립 유전자들은 무작위로, 독립적으로 가려진다. 그리고 대립 유전자들이 이루는 모든 조합은 같은 비율로 일어난다.

기타 등등!

머지 않아 우리는 위의 이야기가 모두 옳은 것은 아님을 알게 될 것이다. 우성이 불완전한 경우도 있고, 단 한 벌의 유전자만 갖거나 유전자를 네 벌이나 갖는 생물도 있다. 또 서로 다른 대립 유전자들이 서로 독립하지 않고 연관된 경우도 있다.

멘델은 1865년 자신의 이론을 브륀 자연과학회에 발표했다. 그러나

"역시 수학은 썰렁하다니까!"

불행히도 그 문제에 관심을 가진 사람은 이제 아무도 없었다. 유행이 지난 것이다. 게다가 1859년부터 생물학자들은 새로운 진화론에 마음을 빼앗기고 있었다. 그러니 멘델의 공식 따위에 마음을 쓸 여유가 있었겠는가?

다윈

멘델이 땅에 묻히기까지 그의 연구는 과학계에서 완전히 잊혔다.
'내 시대가 올 것이다.' 1884년 눈을 감기 얼마 전에 그가 남긴 말이다.

"완두 가꾸기 직업은 이젠 한물갔지."

"우리 일처럼 유행을 타지 않는 일이 또 뭐가 있을까…"

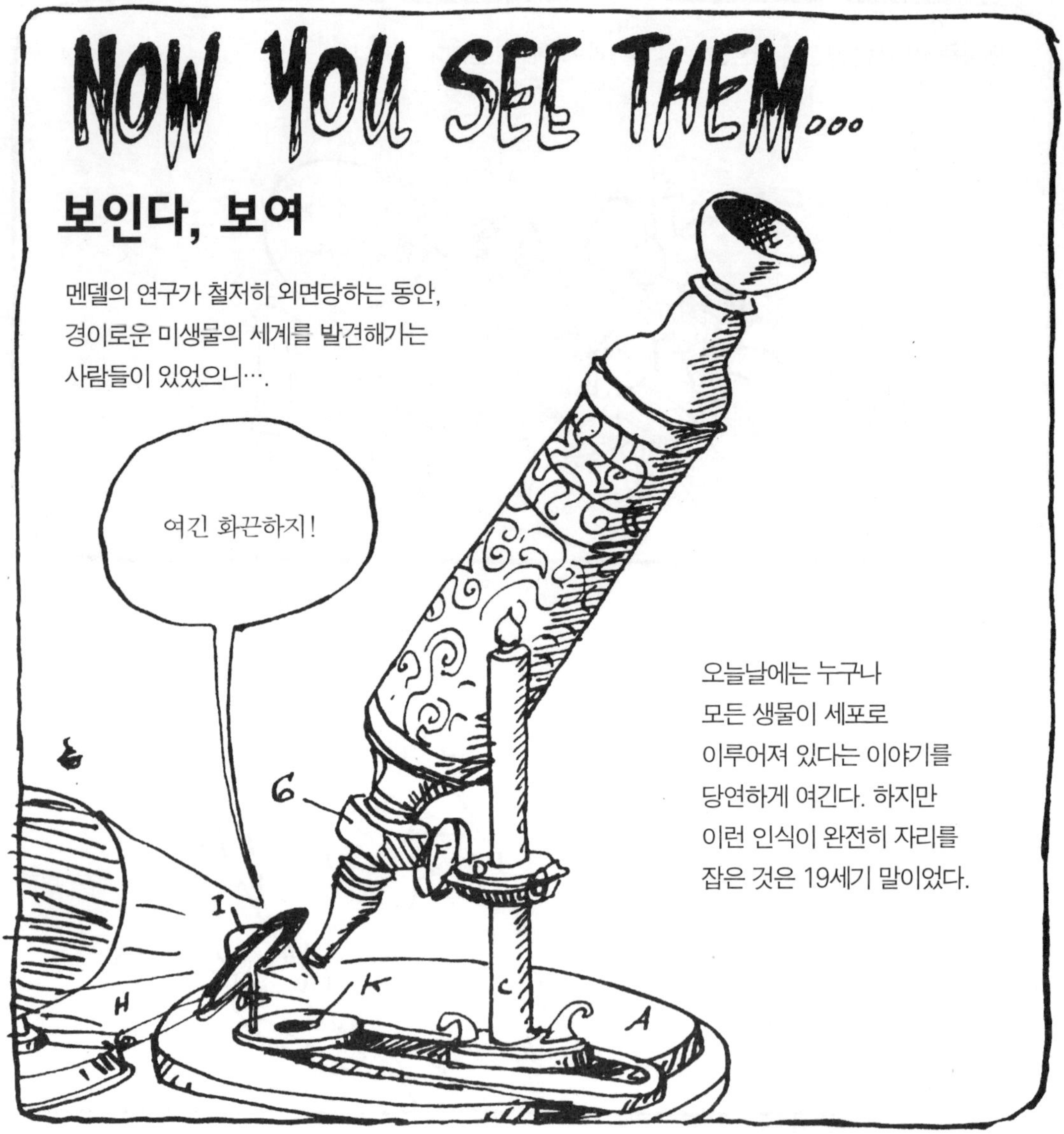

NOW YOU SEE THEM...

보인다, 보여

멘델의 연구가 철저히 외면당하는 동안, 경이로운 미생물의 세계를 발견해가는 사람들이 있었으니….

여긴 화끈하지!

오늘날에는 누구나 모든 생물이 세포로 이루어져 있다는 이야기를 당연하게 여긴다. 하지만 이런 인식이 완전히 자리를 잡은 것은 19세기 말이었다.

로버트 훅(1635~1703)은 17세기에 이미 코르크에서 세포 구조를 관찰했다. 하지만 19세기에 들어서야 비로소 더 좋은 현미경으로 무장한 과학자들이 우리 모두가 그 작은 방으로 나뉘어 있다는 사실을 알아낼 수 있었다.

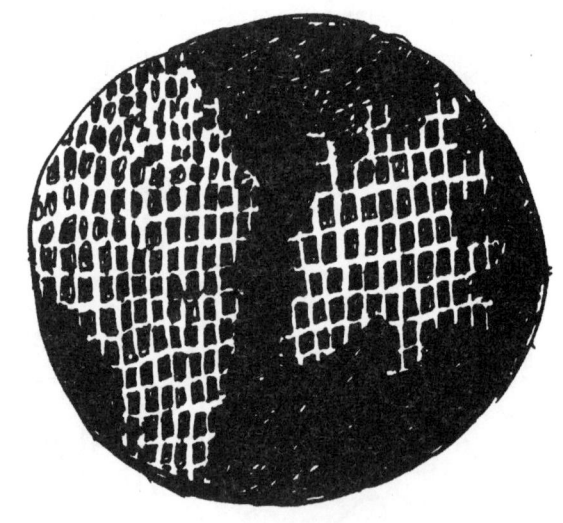

사람은 엄청나게 많은 세포를 갖고 있다. 이에 반해 원생동물은 단 한 개의 세포로 되어 있다. 생물 세포는 형태도 크기도 각양각색이다.

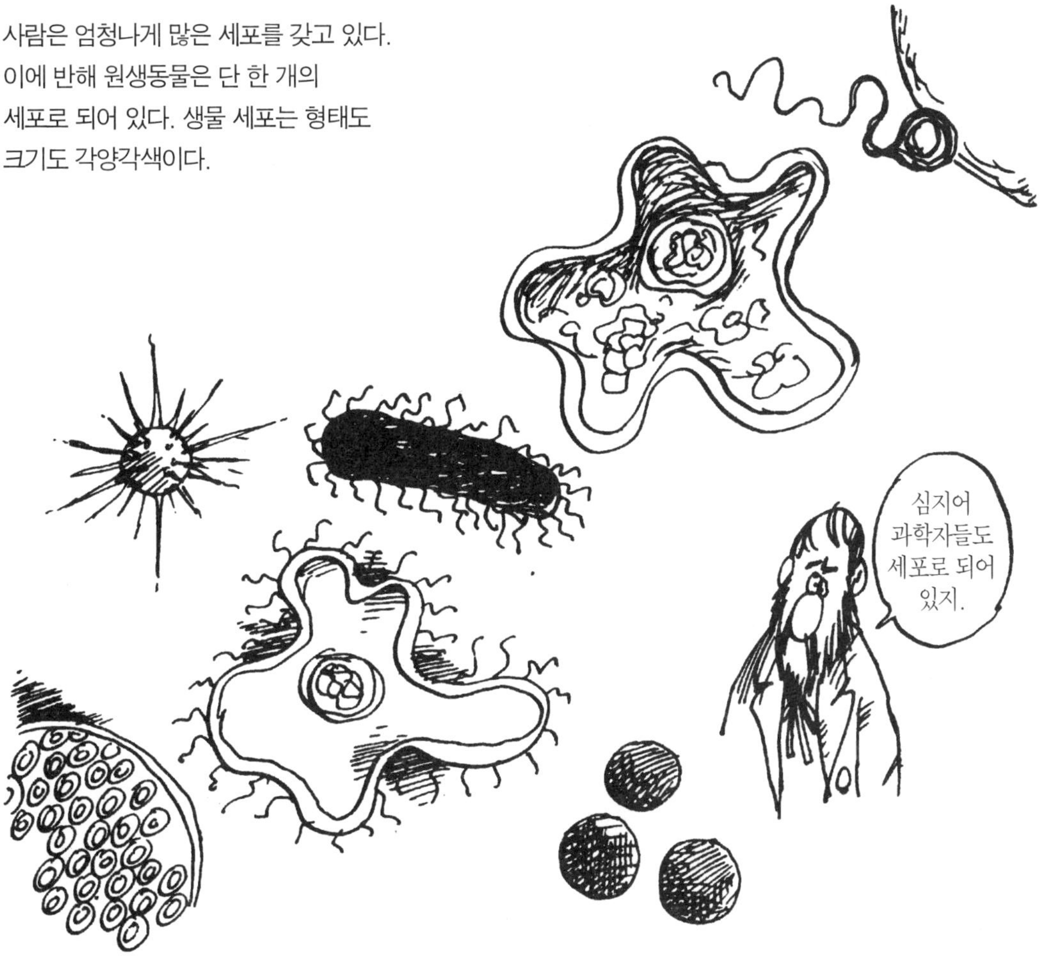

심지어 과학자들도 세포로 되어 있지.

나아가, 과학자들은 모든 세포가 분열에서 비롯된다는 것을 알았다. 그런데 세포 속에 있는 모든 것은 세포 분열을 하기 전에 두 배로 복제된다.

세포의 자연 발생은 생각할 수도 없는 일이야!

파스퇴르

많은 조사 연구를 통해 세포 분열이 일어나는 동안 염색체에 어떤 일이 일어나는지 드러났다.

처음에 보이지 않는 상태의 염색체들은 스스로를 복제한다. 이렇게 복제된 것들은 동원체라는 곳에서 서로 달라붙어 있다.

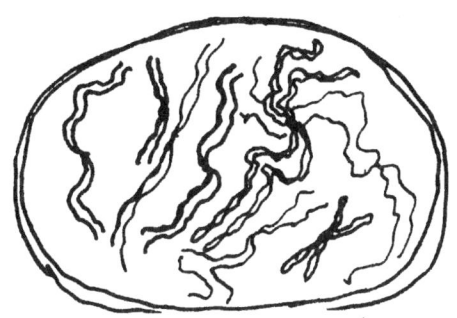

복제된 염색체들은 두꺼워지고 짧아져 현미경으로 볼 수 있다.

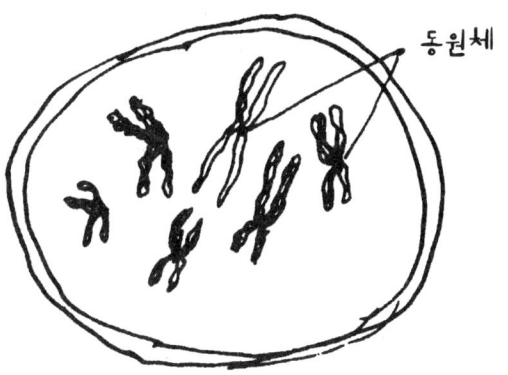

핵을 감싼 막이 사라지면서 가는 실과 같은 방추사가 생기고, 염색체들은 한 줄로 늘어선다.

방추사가 쌍을 이룬 염색체를 하나씩 양극으로 잡아당기면서 동원체는 둘로 갈라진다.

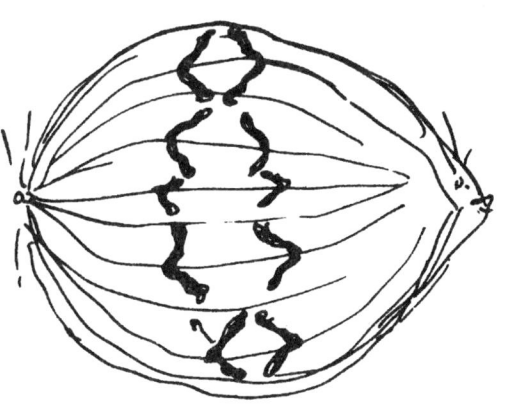

염색체들이 양극으로 모이면서 방추사가 보이지 않게 된다.

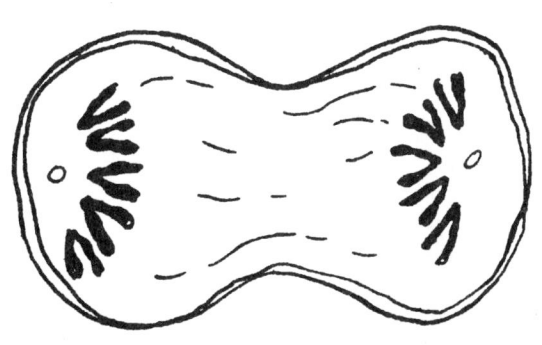

핵막이 다시 생기면서, 염색체가 풀려 보이지 않게 되고, 세포는 분열한다.

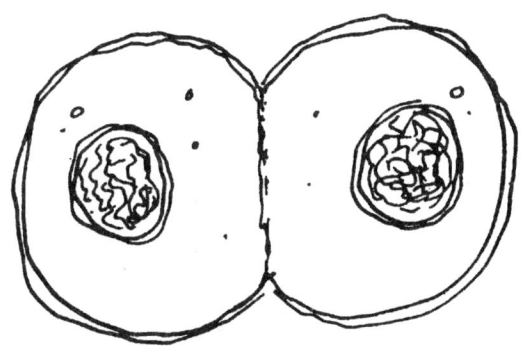

이 과정을 유사 분열, 그 중에서도 체세포 분열이라고 한다.

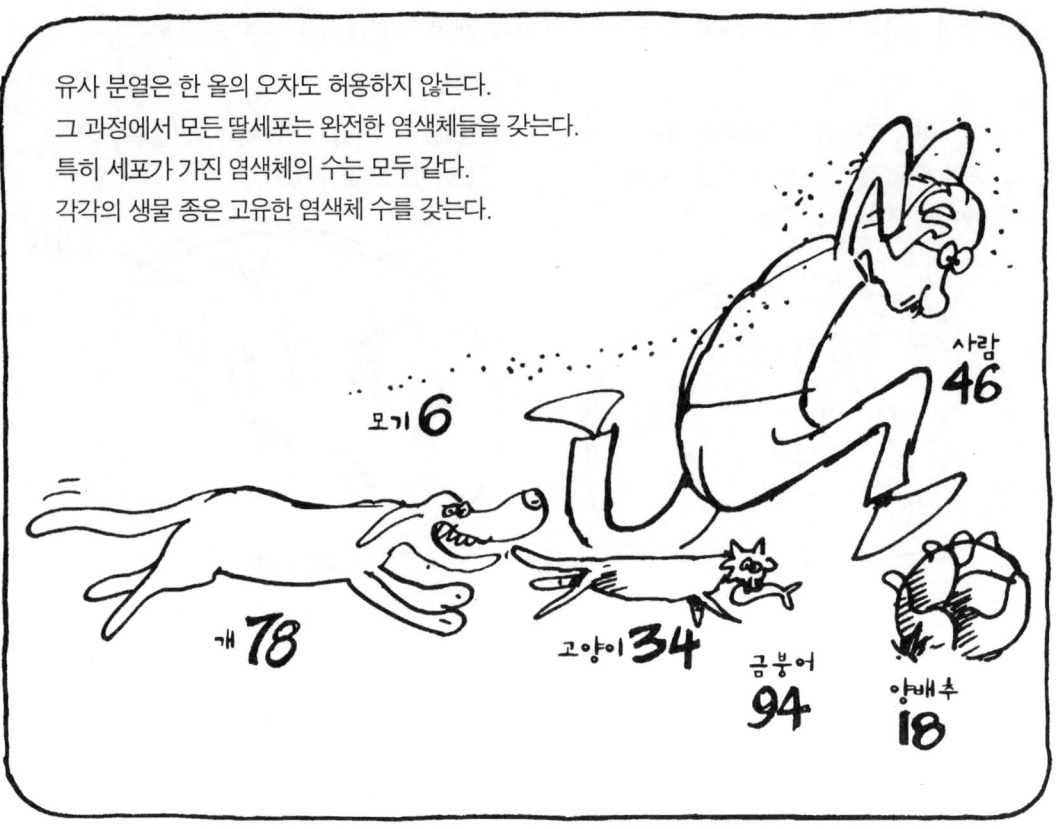

유사 분열은 한 올의 오차도 허용하지 않는다.
그 과정에서 모든 딸세포는 완전한 염색체들을 갖는다.
특히 세포가 가진 염색체의 수는 모두 같다.
각각의 생물 종은 고유한 염색체 수를 갖는다.

위의 숫자들이 모두 짝수라는
건 금방 눈치챘을 것이다.
여기에는 물론 이유가 있다.
그리고 그 이유는 염색체가
유전 물질임을 알려준다.

FACT 사실을 밝히면

정자와 난자 세포는 보통 세포에 비해 반수의 염색체를 갖는다.

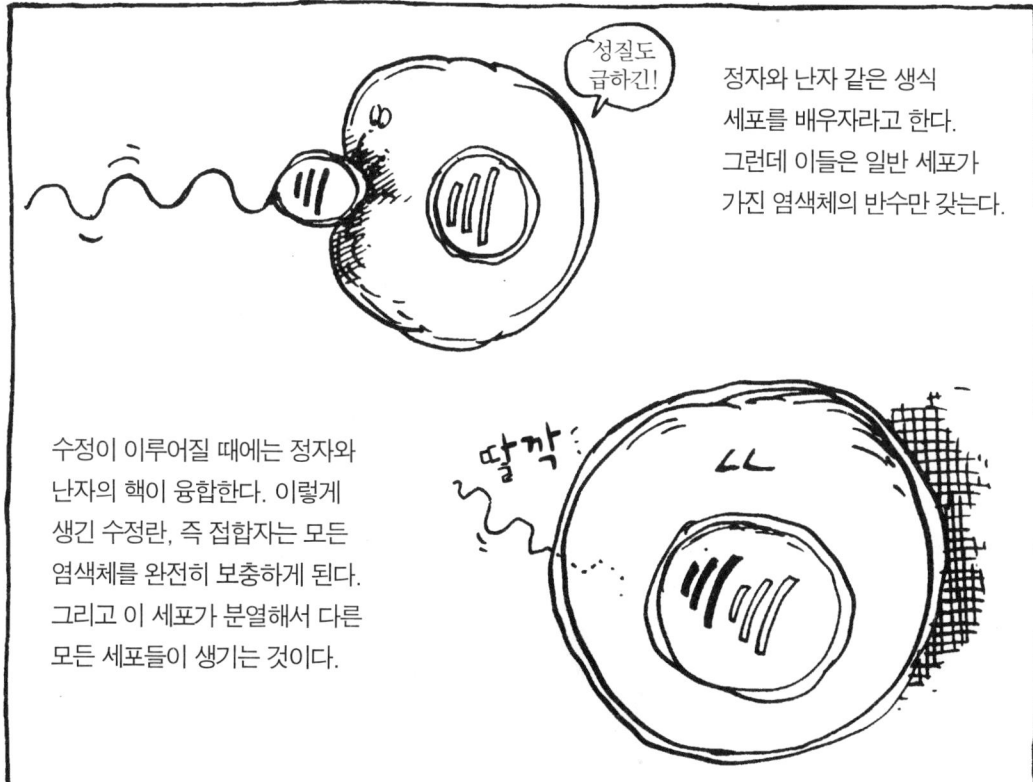

정자와 난자 같은 생식 세포를 배우자라고 한다. 그런데 이들은 일반 세포가 가진 염색체의 반수만 갖는다.

수정이 이루어질 때에는 정자와 난자의 핵이 융합한다. 이렇게 생긴 수정란, 즉 접합자는 모든 염색체를 완전히 보충하게 된다. 그리고 이 세포가 분열해서 다른 모든 세포들이 생기는 것이다.

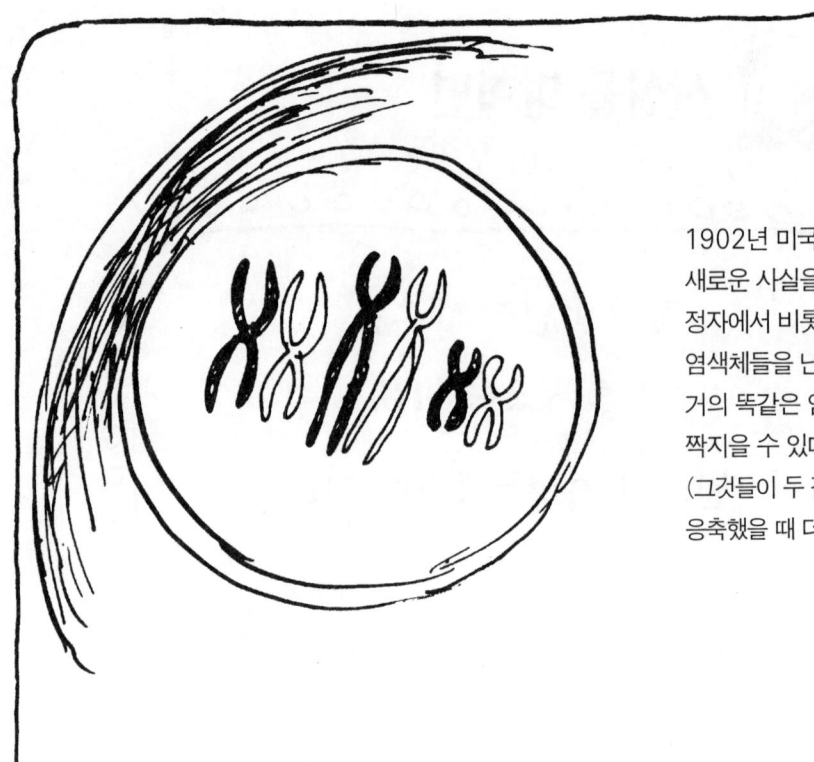

1902년 미국의 윌리엄 서턴은 새로운 사실을 발견했다. 정자에서 비롯된 각각의 염색체들을 난자에서 비롯된 거의 똑같은 염색체들과 짝지을 수 있다는 것이다 (그것들이 두 겹으로 응축했을 때 더 잘 보인다).

결국 세포 속에는 모든 염색체가 처음부터 두 벌씩 들어 있었던 것이다. 이를 가리켜 '상동 염색체 쌍'이라고 한다. 상동, 즉 서로 같다는 것이다.

예를 들어 사람은 46개의 염색체를 갖고 있는데, 이는 사실 23쌍의 상동 염색체들이다.*
각 상동 염색체 쌍 중에서 한 개는 어머니에서, 다른 한 개는 아버지에서 온 것이다.

이는 배우자를 만들기 위한 어떤 특수한 방식의 세포 분열이 있음을 암시한다.

* 한 가지 예외가 있다. 앞으로 설명할 성 염색체들이다.

이 특수한 과정을 감수 분열이라고 하는데, 여기에서는 두 번의 분열이 연속적으로 일어난다.

처음에는 체세포 분열에서처럼 염색체가
두 겹이 되고 두꺼워진다.

하지만 그 뒤에는 어쩐 일인지 상동 염색체들이
짝을 짓는다.

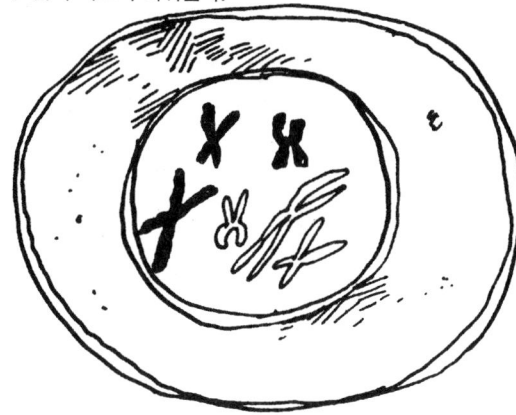

다시 방추사가
생기고 4겹의
염색체(4분
염색체)들이 한
줄로 늘어선다.

(이 부분에
대해서는 다시
이야기할 것임!)

그리고 쌍을
이룬 것들이
갈라져 나간다.
체세포 분열과는
사뭇 다른
양상이다!

염색체들이 양극에 도달하면 방추사가 사라진다.
그리고 '다른 방향으로' 새로운 방추사가 형성된다.

그 뒤에는 체세포 분열에서처럼
이 염색체들이 갈라진다.

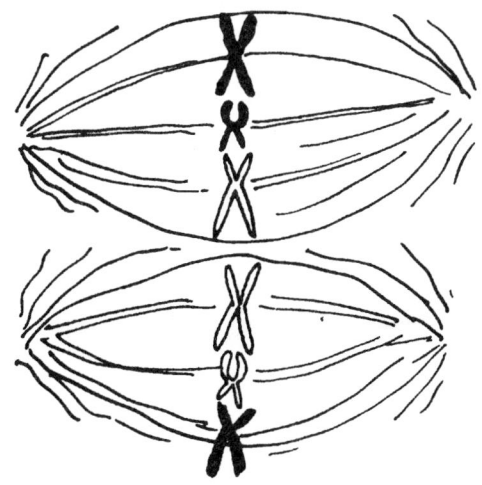

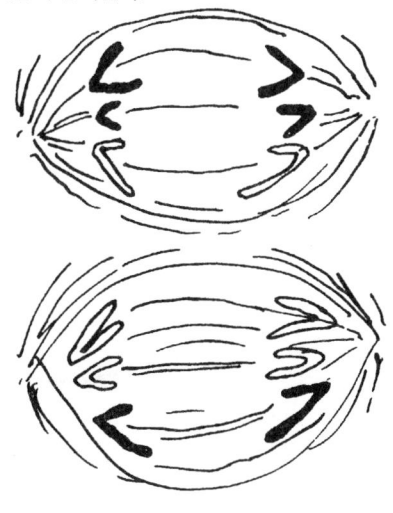

감수 분열에서는 네 개의
세포가 생기는데, 각각의
딸세포는 처음의 반수로
줄어든 염색체를 갖는다.
이 경우,
여섯 개의 염색체가
세 개로 줄어든다.

그래도 모두 각 상동
염색체 쌍에서
한 개씩 가졌군!

각 쌍의 상동 염색체 중에서 어떤 것이 어떤 세포로 갈 것인가는 완전히 우연에 의해 결정된다.
위 그림과 여기 나온 일곱 가지 경우를 합친 여덟 가지 조합이 일어날 확률은 모두 같다.

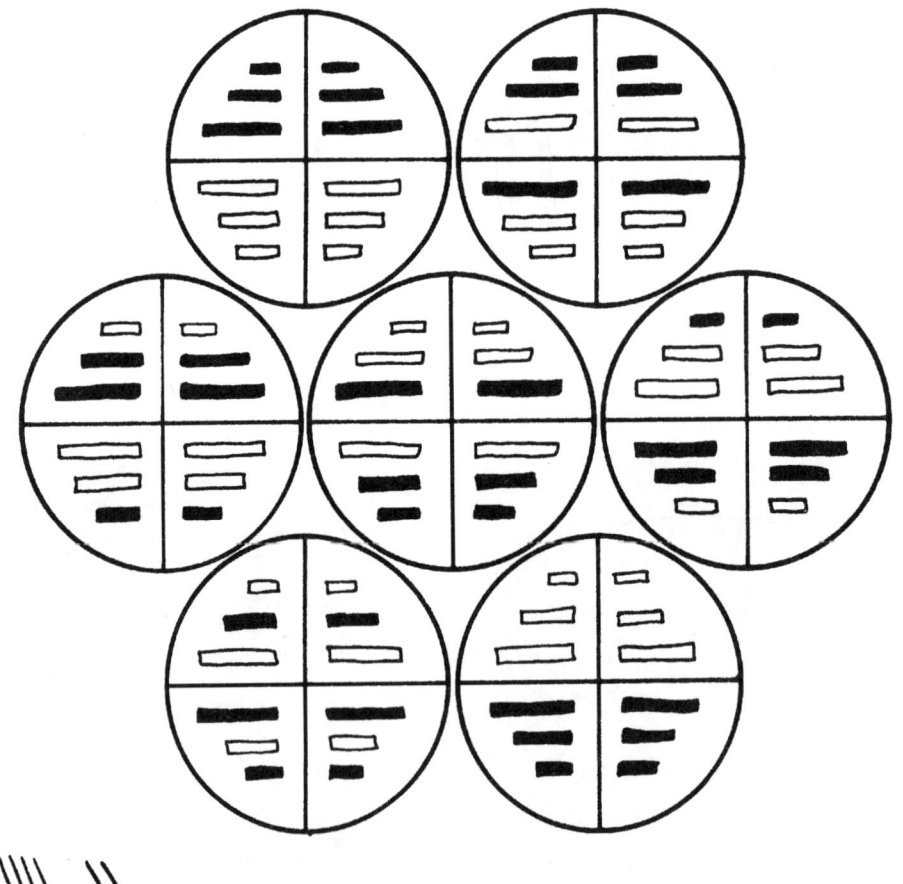

말하자면, 염색체들은 독립의 법칙을 따른다.

감수 분열과 체세포 분열의 내용이 알려지자, 생물학자들은 염색체가 유전을 결정하는 것이 아닌가 하고 생각했다. 그들은 유전에서 다시 어떤 규칙성을 찾기 시작했고, 과학은 앞을 향해 나아갔다. 멘델의 법칙으로 돌아간 것이다!

19세기가 끝나갈 즈음, 3인의 과학자들이 독자적으로 같은 연구를 하고 있었다. 제각기 오스트리아 수도사의 실험을 되풀이한 것이다. 바로 이들이다.

1900년, 세 사람은 과학 논문들을 펼쳐놓고 자신들이 한 연구를 먼저 발표한 사람이 있는지 찾아보다가, 모두 그레고르 멘델이라는 이름을 발견하게 된다.

정말 이렇게 서로 화풀이를 했는지 어쨌는지는 모르지만, 어쨌든 드브리스와 코렌스, 체르마크 세 사람은 멘델의 발견을 세계에 공포했다. 그리고 이로부터 2년 만에, 윌리엄 서턴은 메뚜기의 세포에서 상동 염색체 쌍을 확인했다. 과학의 등불을 밝힌 것이다.

정확하게 그들이 파악한 내용은 무엇인가?

염색체는 유전자처럼 행동한다. 잡종을 이루었을 때에도 본성을 그대로 유지하며, 생식 세포를 만들 때에는 독립적으로 분리된다. 따라서 유전자가 염색체에 놓여 있는 게 아닌가 하는 생각은 당연하다(각 염색체에는 분명 많은 유전자들이 있을 것이다. 대부분의 생물 종이 갖는 몇 십 개의 염색체보다는 훨씬 더 많은 유전자가 있을 테니까).

상동 염색체 쌍의 발견은 멘델이 얻은 결론과 확실히 통하는 데가 있다. 모든 세포가 각각의 유전 형질에 대해 한 쌍의 대립 유전자를 갖고 있었음을 기억하라.

이제 사람들은 다음과 같은 사실을 깨달았다. 한 가지 유전 형질과 관련된 한 쌍의 대립 유전자는 상동 염색체 쌍의 같은 위치에 놓여 있다.

즉, 키와 관련된 유전자 한 개가 여기 있다면 → 다른 한 개는 여기 있어야 한다는 거지 ←

이 모든 이야기는 사실로 판명되었다. 하지만 이 문제를 깊이 파고들자, 멘델이 깨닫지 못한 몇 가지 사실이 알려졌다.

우선, 모든 생물이 두 벌의 염색체를 가진 것은 아니었다. 균류 같은 많은 하등 생물은 한 벌의 염색체만 갖는다.

세포가 한 벌의 염색체만 가질 때 단상이라 하고, 두 벌의 염색체를 가질 때 복상이라고 한다. 우리 몸의 세포는 복상이고, 생식 세포는 단상이다.

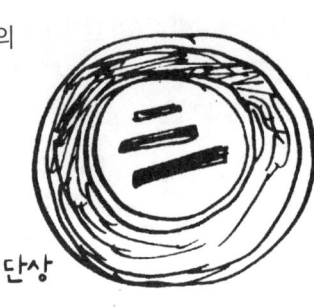

복상의 생물에는 우리가 잘 알고 있는 모든 포유류와 조류, 많은 식물이 포함된다. 단상에는 수벌, 여러 가지 균류, 그리고 무성 생식을 하는 단세포 생물들이 있다.

이밖에 배수체가 있는데 여러 벌의 염색체를 갖는 생물이다. 우리가 흔히 접하는 식물들 중에서 놀랄 정도로 많은 것들이 배수체이다.
(완두는 아니지만!)

멘델의 이론 중에서 또 하나 큰 문제가 된 것이 독립의 법칙이었다. 그리고 그것이 얼마나 부정확한가를 정확하게 측정해 각 유전자들이 염색체상의 어느 부분에 있는지 정밀하게 나타냈다.

MAPMAKING

지도 만들기

멘델과 그의 후계자들에게, 유전자는 추상적인 개념일 뿐이었다. 유전 형질이 후대에 어떻게 전달되는가를 설명하고 예언하기 위해 요령을 부린 문구와 같았다.

하지만 이제 유전자는 실재하는 물체가 되어 나타났다. 그것들은 모든 세포의 염색체들을 따라 일정한 순서로 놓여 있었다. 그리고 한 쌍의 대립 유전자는 상동 염색체 쌍의 같은 위치에 있었다.

그것들은 마치 유령 같아. 영향력은 있지만 실체가 없거든!

천만에, 울퉁불퉁한 길처럼 실재하는 거야!

그렇다면 이 모든 유전의 단위들이 각 염색체의 어느 부위에 있는가를 보여주는 유전자 지도를 만들 수도 있지 않을까?

여기에서 사람들은 어떤 패러독스에 봉착했다. 멘델의 실험 결과와 염색체를 관찰한 결과에 모순되는 부분이 있었기 때문이다.

관찰 결과 : 복잡한 생물을 지배하는 유전자의 수는 참으로 엄청날 것이다. 하지만 염색체는 아주 소수이다. 완두는 7쌍, 사람은 23쌍의 염색체밖에 없는 것이다.

문제 : 두 유전자가 같은 염색체 위에 있다면, 어떻게 서로 독립할 수가 있을까? 어쨌든 염색체들이 부러지거나 하는 일은 없지 않은가? 그렇다면 때로는 서로 다른 유전자들이 연관되어야 하지 않을까?

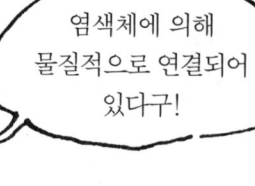

결론은 완전히 이쪽도 저쪽도 아니었다.

어떤 유전자들은 확실히 연관되어 있다. 하지만

염색체에서는 유전자 바꿔치기, 즉 교차가 아주 많이 일어난다.

예를 들어 흔히 볼 수 있는 토마토를 생각해보자.

돌연변이 마요네즈는 없나요?

수업이 끝날 때까지 만이라도 먹지 말게…

토마토 껍질의 감촉은 털이 나도록 하는 열성 대립 유전자, p가 결정한다(물론 흔히 볼 수 있는 토마토는 아니지!).

마찬가지로 키가 작은 식물을 만드는 열성 대립 유전자 d도 있다.

매끄러운 껍질을 갖게 하는 우성 대립 유전자는 p^+, 키가 큰 식물을 만드는 우성 대립 유전자는 d^+라고 한다.

독립의 법칙을 시험하기 위해, 양쪽 모두 열성인 ppdd와 헤테로인 pp^+dd^+를 교배해보았다.

털이 있고 키 작은 ppdd

매끄럽고 키 큰 pp^+dd^+

멘델이 옳다면, p와 d는 서로 무관할 것이다.

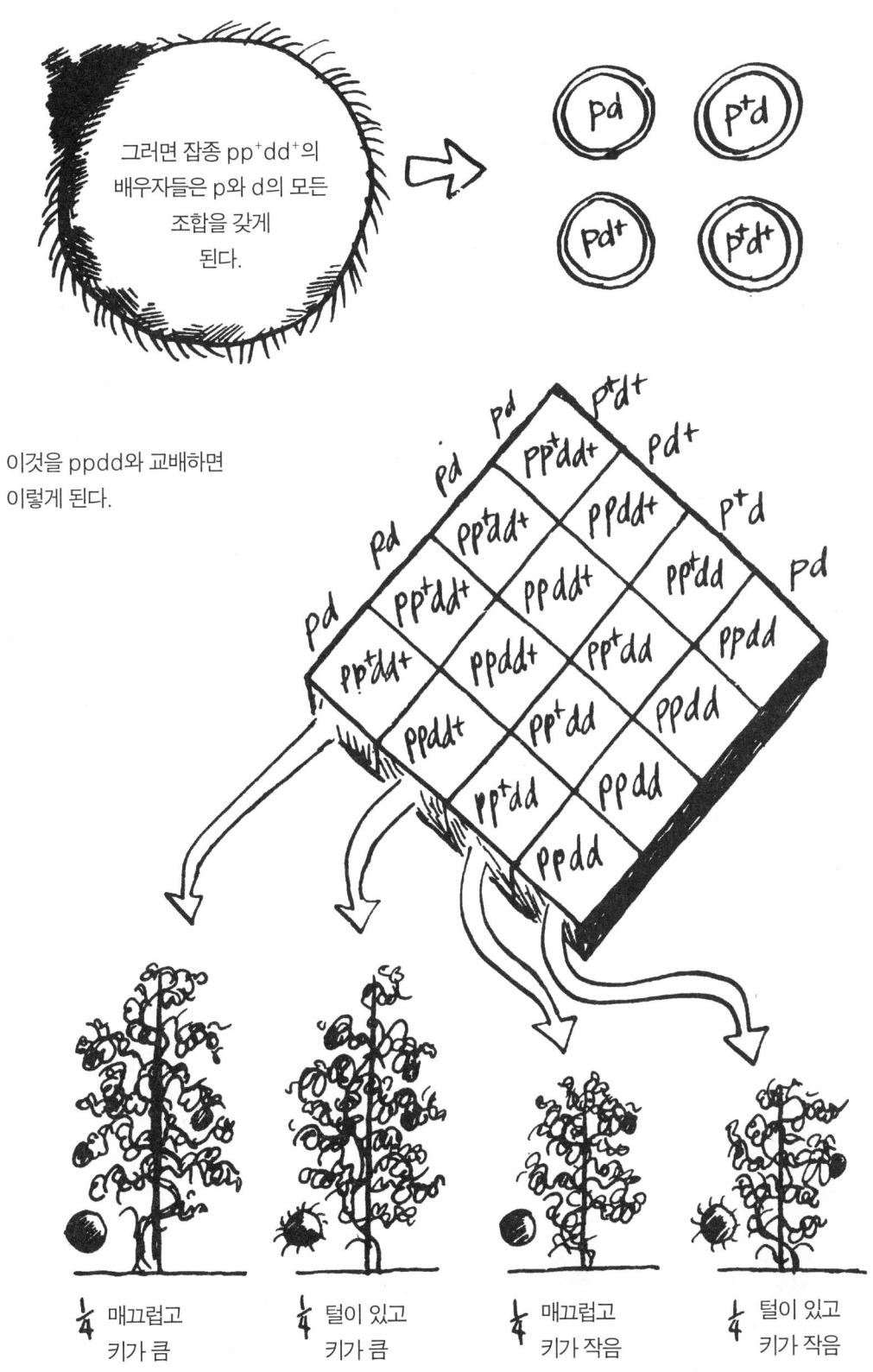

그러면 잡종 pp^+dd^+의 배우자들은 p와 d의 모든 조합을 갖게 된다.

이것을 ppdd와 교배하면 이렇게 된다.

$\frac{1}{4}$ 매끄럽고 키가 큼　　$\frac{1}{4}$ 털이 있고 키가 큼　　$\frac{1}{4}$ 매끄럽고 키가 작음　　$\frac{1}{4}$ 털이 있고 키가 작음

이제는 p와 d가 같은 염색체 위에 있다고 가정해보자. 그러면 잡종 pp^+dd^+는 한 쌍의 상동 염색체에 대립 유전자들을 갖는다.

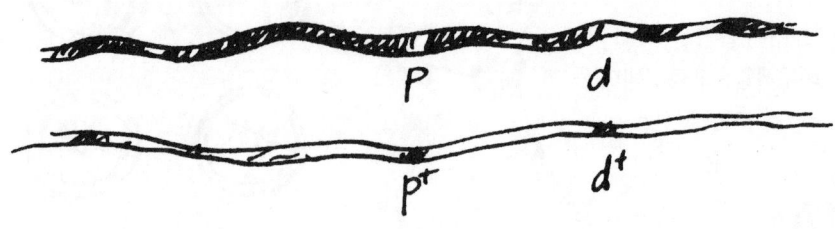

감수 분열이 일어나는 동안 그것들은 이렇게 분류된다.

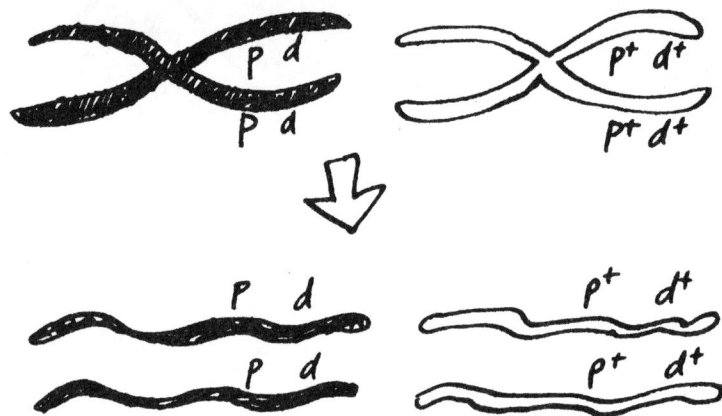

이 경우, 멘델이 예측한 것처럼 네 가지가 아닌 두 가지 유형의 배우자, pd와 p^+d^+만 생겨난다.

모두 열성인 ppdd와 교배한 결과는 아래와 같다.

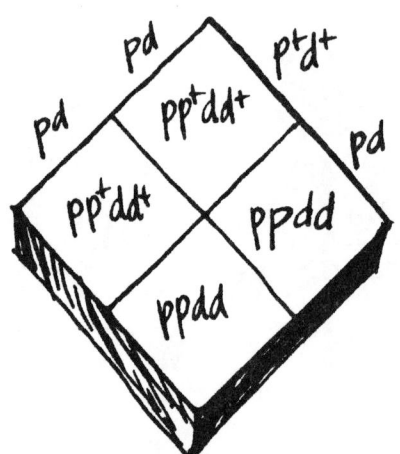

매끄럽고 키가 큰 pp^+dd^+

털이 있고 키가 작은 ppdd

그걸 해봐야 아나? 1004는 우리편이라구.

실제로 교배했을 때 나오는 결과는 어떨까? 50대 50의 분할일까? 아니면 4자 분할일까?

어느 쪽의 예측도 옳지 않은 것으로 나타났다. 네 가지가 모두 나타나기는 했지만, 비율이 서로 달랐던 것이다.

안됐군요, 그레고르 선생!

매끄럽고 키가 큰 pp^+dd^+ 48%

털이 있고 키가 큰 $ppdd^+$ 2%

매끄럽고 키가 작은 pp^+dd 2%

털이 있고 키가 작은 $ppdd$ 48%

괜찮아요, 하지만 실망이군요.

어쨌든 난 이미 죽었는데요, 뭐.

흑흑!

이런 결과는 확실히 멘델의 예측보다는 연관에 바탕한 예측에 더 가까운 것이다. 하지만 p와 d가 연결되어 있다면, 2%의 조합은 대체 어디에서 나온 걸까?

너무 오래 끌었나? 그럼 이제 비밀을 풀어보자. p와 d의 유전자들은 같은 염색체 위에 있다. 하지만 염색체는 유전자를 교환할 수 있다. 이를 교차라고 한다.

감수 분열을 하는 동안, 상동 염색체들은 대립 유전자들이 마주보도록 한 줄로 늘어선다.

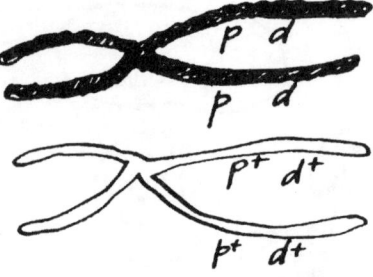

무작위로 '선택된' 것처럼 보이는 일정 부위들에서 염색체들이 접합한다.

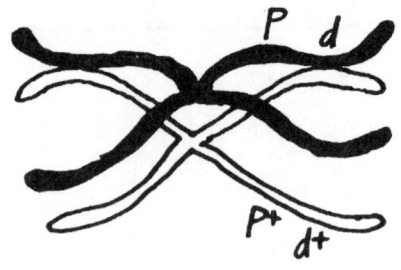

몇몇 부분이 교차된다.

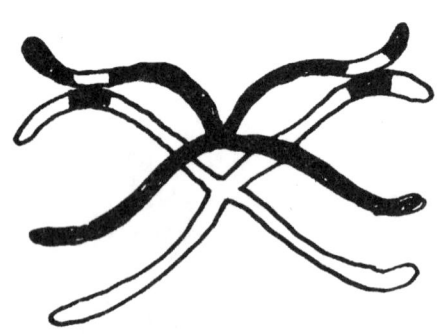

상동 염색체들이 분리될 때에는 새로운 대립 유전자의 조합을 갖는다.

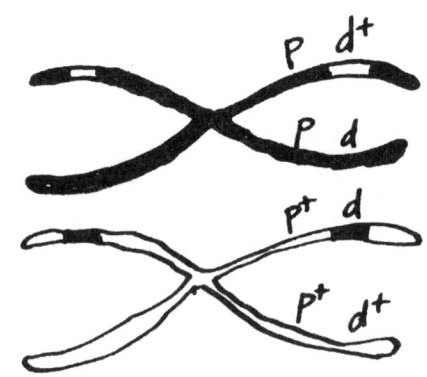

우리의 잡종에 이런 일이 일어나면 몇몇 배우자들은 '재조합' 염색체를 갖는다. 그 결과 예외적인 것들이 생긴다.

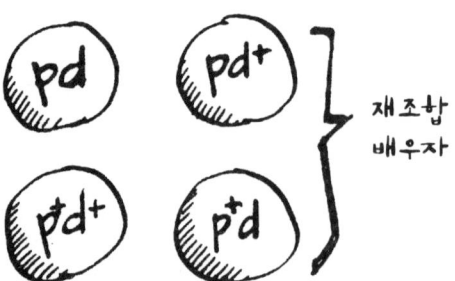

재조합 배우자

알아둘 점 : 이런 교차 덕분에 여러분 자녀가 여러분에게서 물려받는 염색체가 여러분 것과 똑같지 않고, 뒤섞인 패가 나오는 것이다.

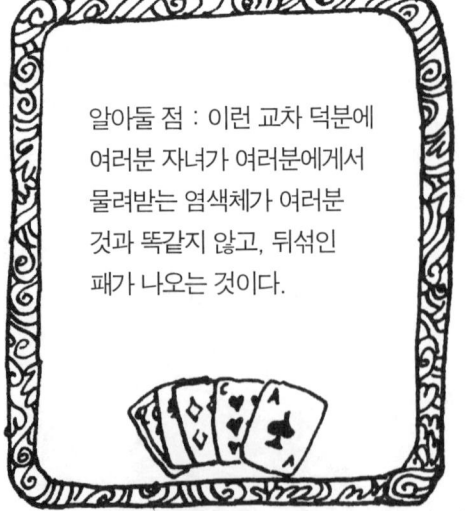

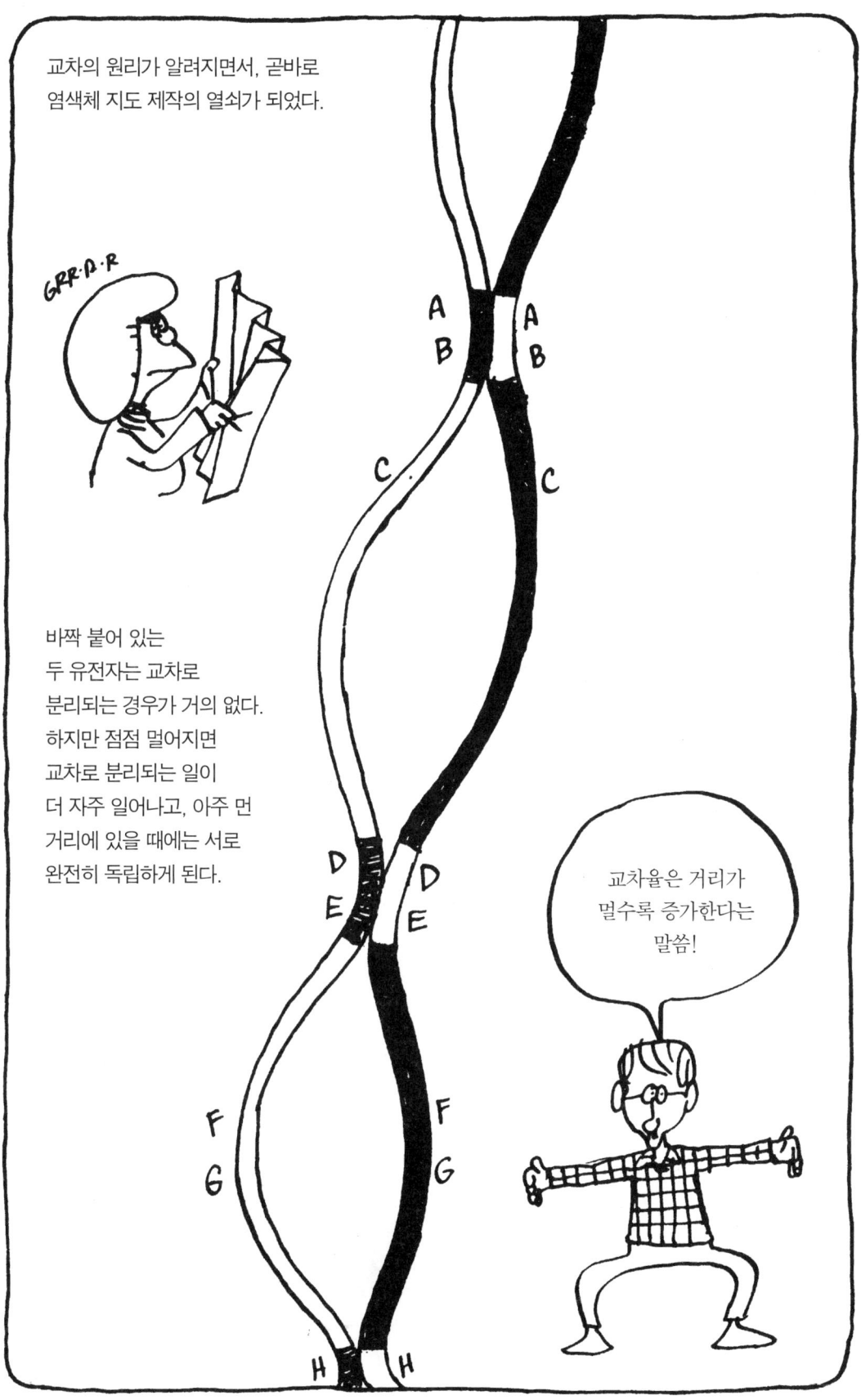

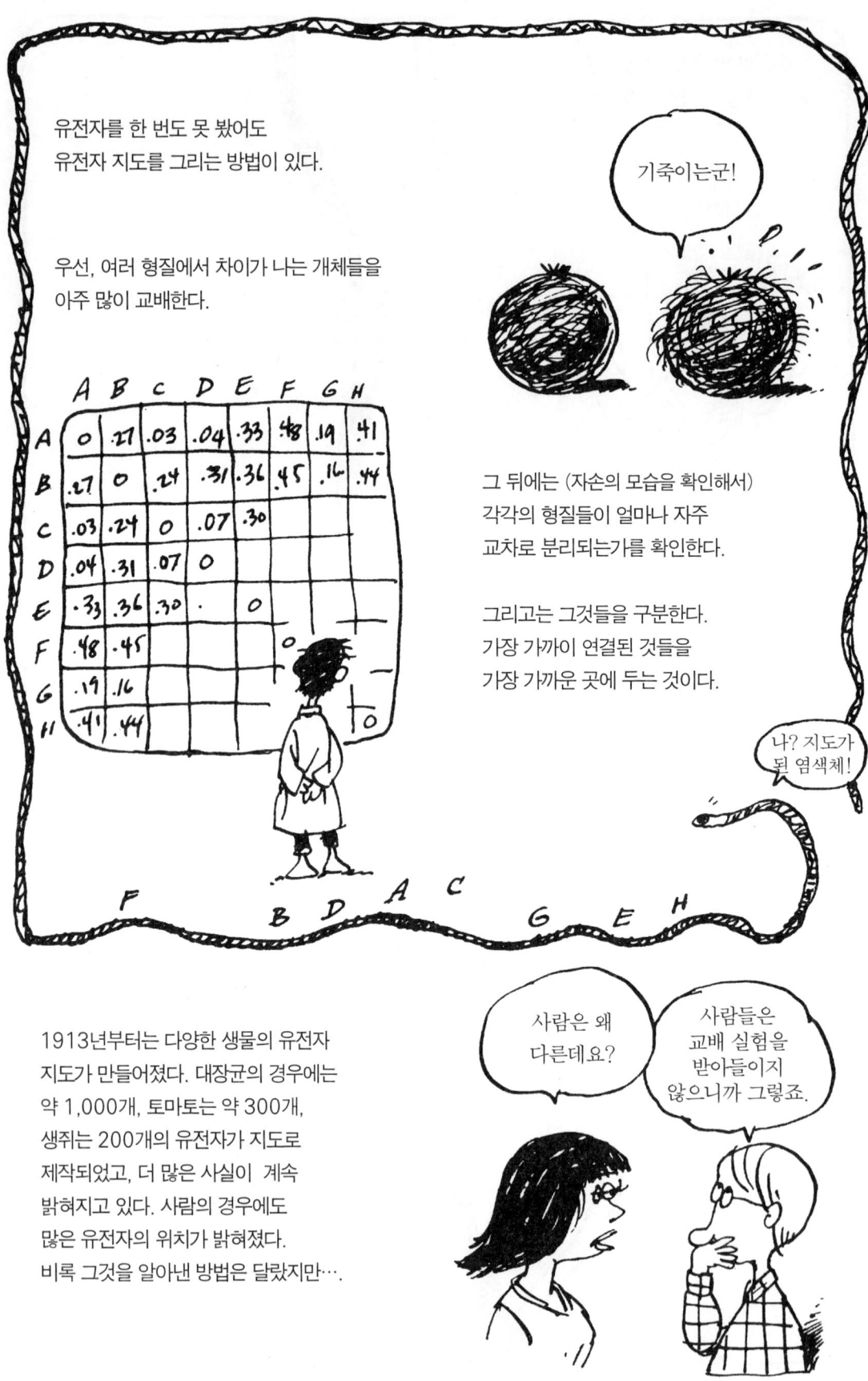

MUTATION, OR A CHANGE OF GENES
돌연변이, 또는 유전자의 변화

와! 돌연변이가 진행 중이군!

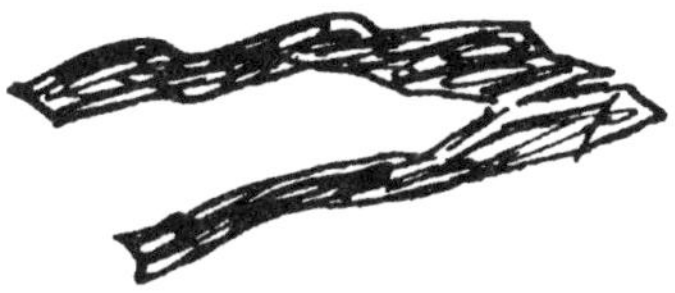

지금까지 우리는 유전자를 변치 않는 '유전의 원자'로 생각했다. 변이할 수 없는 유전의 단위라는 것이다.

내가 과장이 좀 심했나!

하지만 유전자는 변이한다. 그리고 실제로도 이따금씩 돌연변이를 일으킨다. 복제 과정에서 생긴 착오나 다양한 환경의 영향 때문이다.

때로는 돌연변이가 토마토에 털을 만드는 유전자 같은 새로운 열성 대립 유전자를 만들기도 한다. 이 경우, 돌연변이를 일으킨 개체가 똑같은 돌연변이를 일으킨 개체를 만나서 열성 순종을 낳기 전에는 아무것도 알 수가 없다. 하지만 그 일이 일어나면 이렇게 되는 것이다.

맙소사!

유전자에 돌연변이가 일어났는데 전혀 아무 일도 일어나지 않는 경우도 있다. 또 거의 알아차릴 수도 없는 사소한 변화가 일어나기도 한다.

코가 1밀리미터 더 긴 경우처럼!

하지만 운이 좋으면 유전적 착오가 오히려 득이 되기도 한다.

음, 그래서 닭보다는 달걀이 먼저였군!

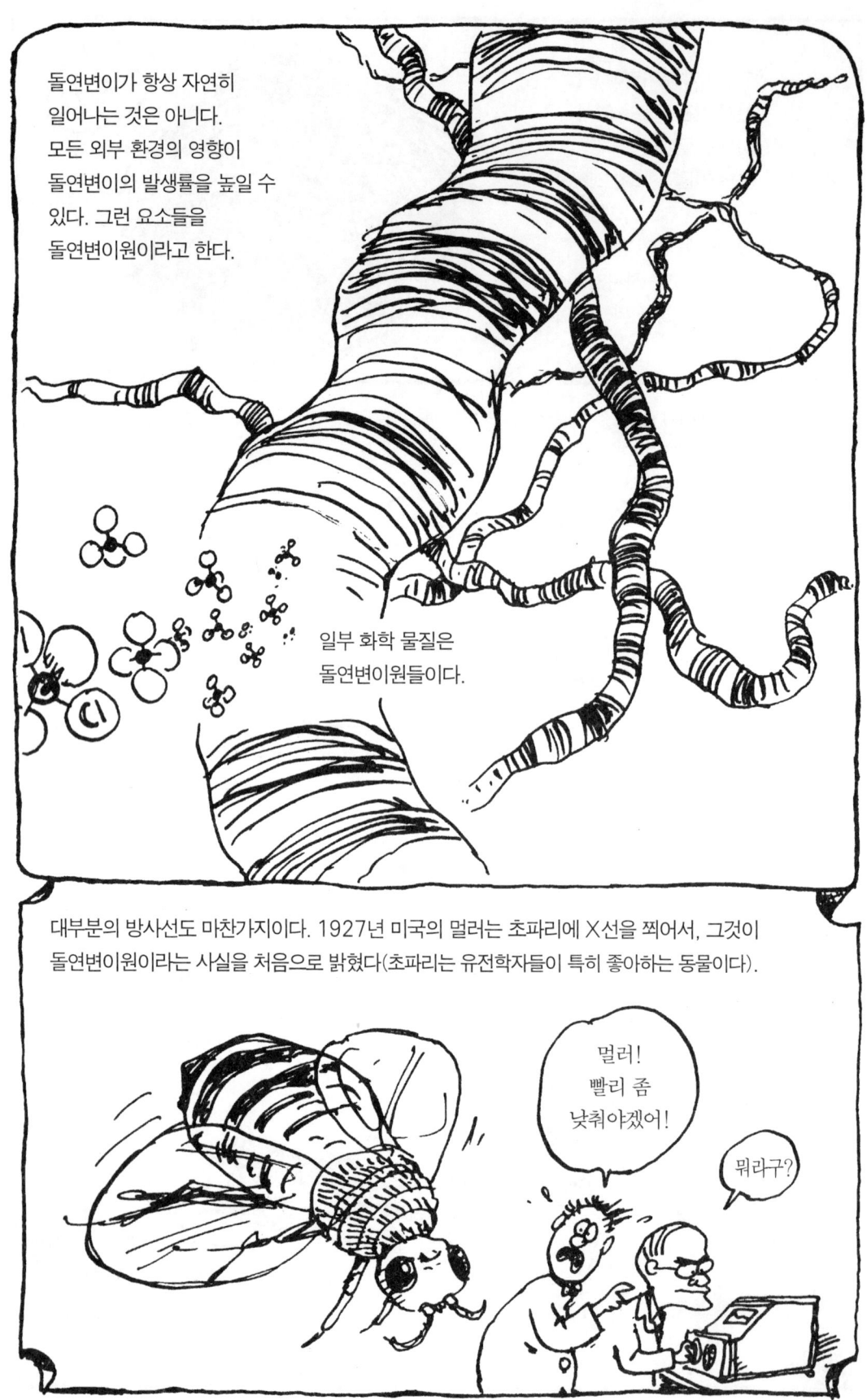

체세포에 일어난 돌연변이는 암을 일으킬 수도 있다. 유전자는 세포 분열을 포함해 세포에서 일어나는 모든 일을 통제하기 때문이다. 암에 대해서는 아직도 많은 것이 비밀에 싸여 있지만, 세포가 무절제하게 분열하도록 하는 돌연변이와 관계가 있다고 보인다.

많은 돌연변이원은 발암 물질이기도 하다. 돌연변이를 일으킬 수 있는 식품 첨가물을 경계하는 이유가 바로 여기에 있다. 또 피부가 흰 사람이 특히 일광욕을 삼가야 하는 이유도 여기 있다. 자외선이 돌연변이원이기 때문이다.

WHAT DETERMINES SEX?
성을 결정하는 것은?

완두꽃의 색이나 토마토 껍질의 감촉, 콩깍지의 모양 등은 모두 단 한 개의 유전자로 결정된다. 하지만 개체들 간의 가장 두드러지고, 흥미롭고, 실질적인 차이를 결정하는 것은 무엇일까? 무슨 차이? 암수의 차이 말이다.

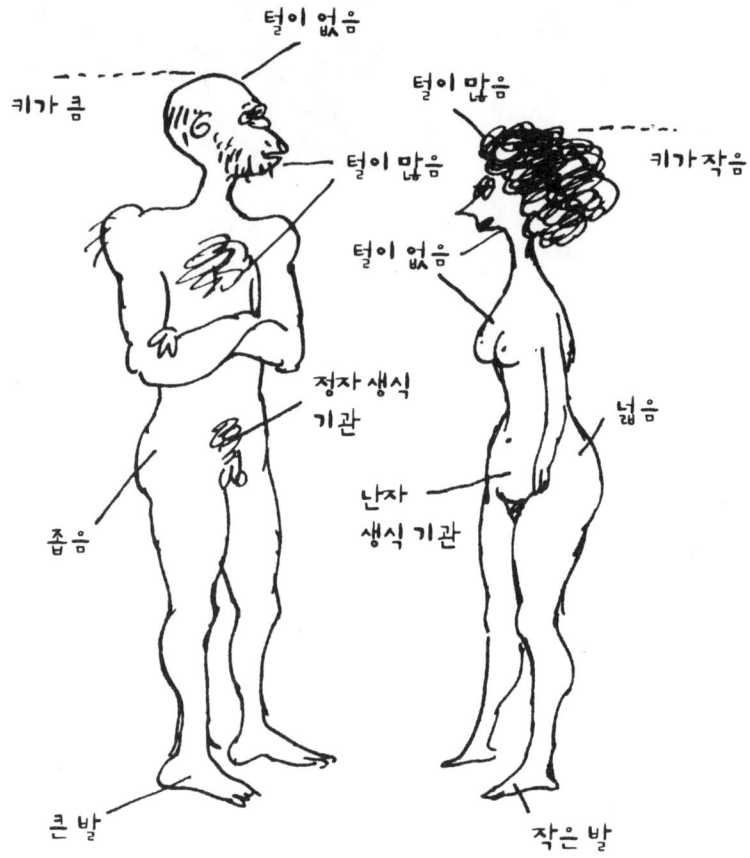

역사상 얼마나 많은 사람들이 성을 결정하는 것이 무엇인가 하는 문제를 놓고 씨름했는지, 18세기의 한 작가는 '262개의 근거 없는 가설들'을 수집할 생각까지 하게 되었다. 그 작가 본인의 근거 없는 가설은 263번째가 되었지만….

성을 결정하는 것은 물론 염색체 속에 있다. 상동 염색체가 발견되고 얼마 지나지 않아, 사람들은 한 가지 예외가 있다는 것을 알아챘다. 남자들은 상동 염색체가 아닌 두 개의 염색체를 갖고 있었던 것이다.

그 두 염색체 중에서 큰 쪽을 X, 작은 쪽을 Y라고 부르기로 했다.

남성과 여성 간에 있는 유일한 유전적 차이는 바로 이것이다.

여성은 두 개의 X 염색체를 갖는다.

남성은 한 개의 X 염색체와 한 개의 Y 염색체를 갖는다.

나머지 22쌍의 염색체는 모두 같다.

이 일이 과연 여자아이와 사내아이를 같은 비율로 태어나도록 하는지 확인해보자.

감수 분열을 통해 난자는 모두 X 염색체를 갖지만, 정자는 X 염색체를 가진 것과 Y 염색체를 가진 것으로 똑같이 나뉜다.

SO: 결국

$\frac{1}{2}$ 여자

$\frac{1}{2}$ 남자

정말 안심이에요!

하지만 어떤 유전자가 어떤 일을 할까라는 근본적인 의문은 그대로 남는다. 남성을 만드는 것이 Y 염색체일까? 또 여성이 되려면 두 개의 X 염색체가 필요할까? 누군가가 두 개의 X 염색체와 한 개의 Y 염색체를 갖고 있다면 어떻게 될까?

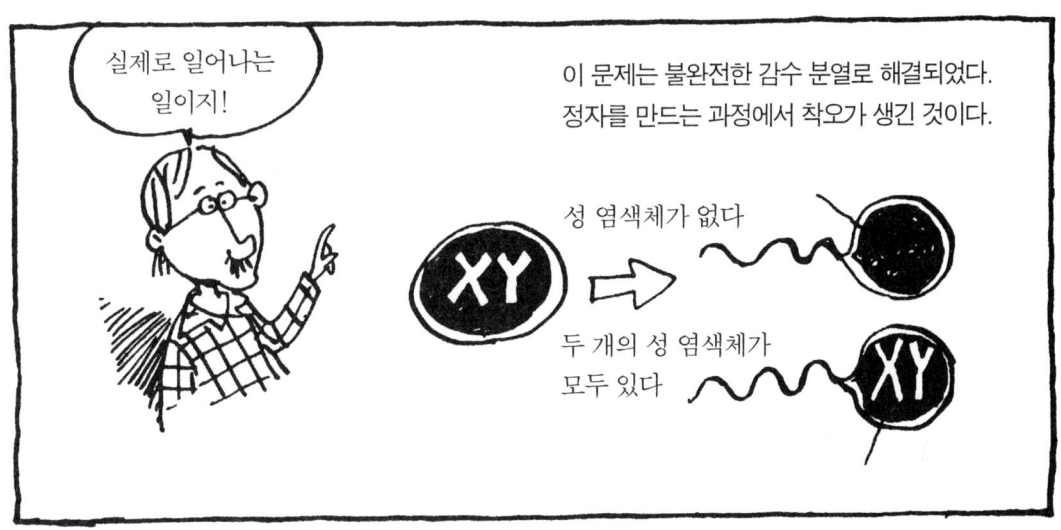

또 다른 염색체 이상으로 '남성성 과잉'의 XYY가 있다. 이 경우는 천 명에 한 명꼴로 태어나는데, 정상적인 남성으로 자란다. 다른 사람들보다 20배나 더 많은 사람들이 범죄자가 된다는 것만 제외하면. Y 염색체를 한 개 더 가진 사람의 약 5%가 범죄자가 된다고 한다. 그래서 이렇게 말하는 사람도 있다.

* 핵형 : 어떤 생물이 가진 염색체의 상태.

하지만 대부분의 유전학자들은 보다 신중한 태도를 취한다.
XYY인 남성의 절대 다수(95%)는 범죄와 관련이 없다. 따라서 XYY의 핵형이 범죄를 일으킨다고 할 수는 없다는 것이다.

반드시 그런 것은 아니다. 많은 동물의 성이 우리와 같은 방식으로 결정되지만, 그밖에도 별별 것이 다 있으니까.

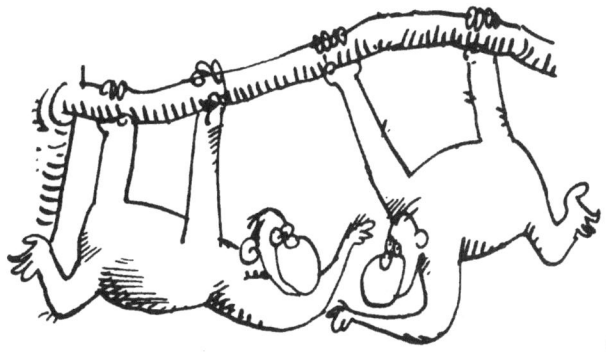

새들 중에는 우리와 정반대로 성이 결정되는 것들도 있다.

XX = 수컷   XY = 암컷

그리고 벌들은 정말로 특이하다. 수벌은 수정도 되지 않은 알에서 발생하기 때문이다. 그래서 수벌은 모두 단상인 반면, 복상은 모두가 암벌이 된다. 벌통 속의 벌들은 거의 모두가 이런 암컷들이다. 결국 벌들은 특수한 성 염색체를 갖지 않는다.

그리고 정말 별스러운 놈들도 있다. 유전적으로 암수의 차이가 전혀 없는 것들이다. 바다에서 사는 보넬리아라는 환형동물의 유생이 바닥에 자리를 잡으면, 1미터 길이의 암컷으로 성장하게 된다.

하지만 유생이 암컷의 주둥이에 붙으면, 암컷의 몸속으로 기어 들어간다.

그러면 겨우 1센티미터 길이의 수컷으로 자라는데, 평생을 암컷의 몸속에서 지낸다.

난소는 대체 어느 쪽으로 가야 하지?

그리고 암수의 차이를 거의 알아볼 수 없는 것도 있다. 어떤 원생동물은 양성을 갖는데, 그것들은 겨우 한 개의 유전자에서만 차이가 난다. 보통 때 이것들은 무성 생식을 하는데, 이는 필시 어울리는 짝을 찾기가 쉽지 않기 때문일 것이다.

실례지만, 저하고 조금이라도 다른 데가 있나요?

저라고 그걸 어찌 알겠어요?

X 염색체상의 유전자들

다시 사람 이야기로 돌아가자. 우리는 성의 결정에 관여하는 모든 유전자들이 두 개의 염색체, 여성의 X 염색체와 남성의 Y 염색체에 모여 있다는 것을 알았다.

그러면 다음과 같은 질문을 할 수 있다.

QUESTION: 이 두 염색체에 다른 유전자들도 있는가?

이렇게 묻는 데에는 나름대로 근거가 있다. 사람들은 성과 연관된 것으로 보이는 몇 가지 문제를 보여주기 때문이다.

대머리는 거의 모두가 남성이다.

대부분의 색맹도 마찬가지고

혈우병* 역시 그렇다.

*혈우병 : 피가 잘 멎지 않는 병. 혈우병 환자는 조그만 상처가 출혈 과다가 되어 사망할 수 있다.

앞의 이야기를 통해서, 이런 일을 일으키는 유전자들은 Y 염색체에 있다고 결론 내릴 수도 있다. 하지만 틀렸다! 혈우병, 색맹 그리고 유전적인 대머리는 모두 X 염색체에 있는 열성 대립 유전자가 원인이기 때문이다.

대머리를 예로 들어보자.

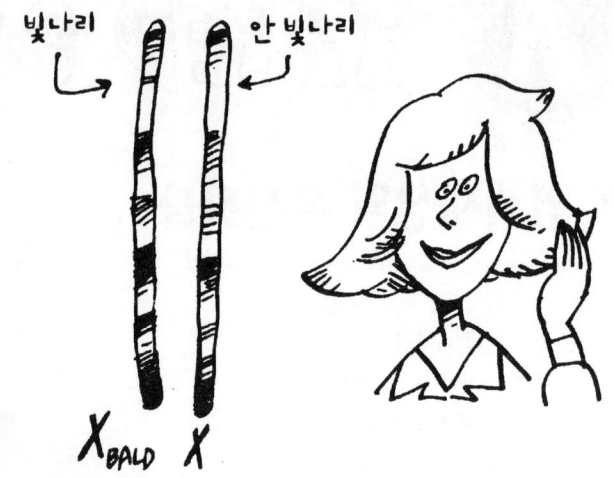

여자들 중에 대머리가 드문 이유는, 한쪽 X 염색체에 빛나리의 대립 유전자를 갖고 있다고 해도, 대부분 다른 쪽 염색체에 안 빛나리의 우성 대립 유전자를 갖고 있기 때문이다.

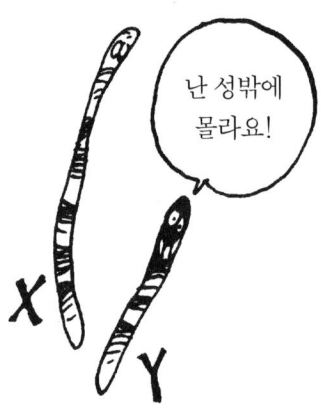

그러나 남성의 경우에는 Y 염색체에 그 대립 유전자가 없다. 우성의 대립 유전자가 없으니 열성 형질이 발현되는 것이다.

이렇게 성과 연관된 유전, 즉 반성 유전이 어떻게 이루어지는지 알아보자.

정상인 여성(XX)과
대머리인 남성($X_{BALD}Y$)이
아이들을 낳았다고 해보자.

딸들($X_{BALD}X$)은 모두 보인자가 된다.
자기 자신은 빛나리가 아니지만,
대머리의 열성 대립 유전자를 갖는 경우이다.
이에 비해 아들들은 정상이 된다.

 엄마가 보인자가 아니고 정상인 경우,
아버지가 대머리라고 해도 아들은
대머리가 되지 않는다는 뜻이다.

그 다음 세대는 어떨까?
보인자인 딸이 정상인
남자(XY)와 결혼했다고
가정해보자.

평균적으로, 딸의 반수는
보인자가 되고, 아들의 반수는
대머리가 될 것이다.

외할아버지가
대머리라면 그
손자는 대머리가 될
수 있다는 뜻이다.

혈우병도 같은 방식으로 유전된다. 가장 유명한 사례가 영국의 빅토리아 여왕으로, 그녀는 혈우병의 보인자였다.

빅토리아 여왕의 조상 중에는 혈우병을 앓았다는 기록이 없으므로, 자연발생한 돌연변이로 여왕이 혈우병 유전자를 갖게 되었다고 추정할 수 있다. 이런 일은 5만 명 중 한 사람 정도에게 일어난다.

혈우병은 대머리와 같은 방식으로 유전된다. 다음은 빅토리아 여왕의 가계도이다.

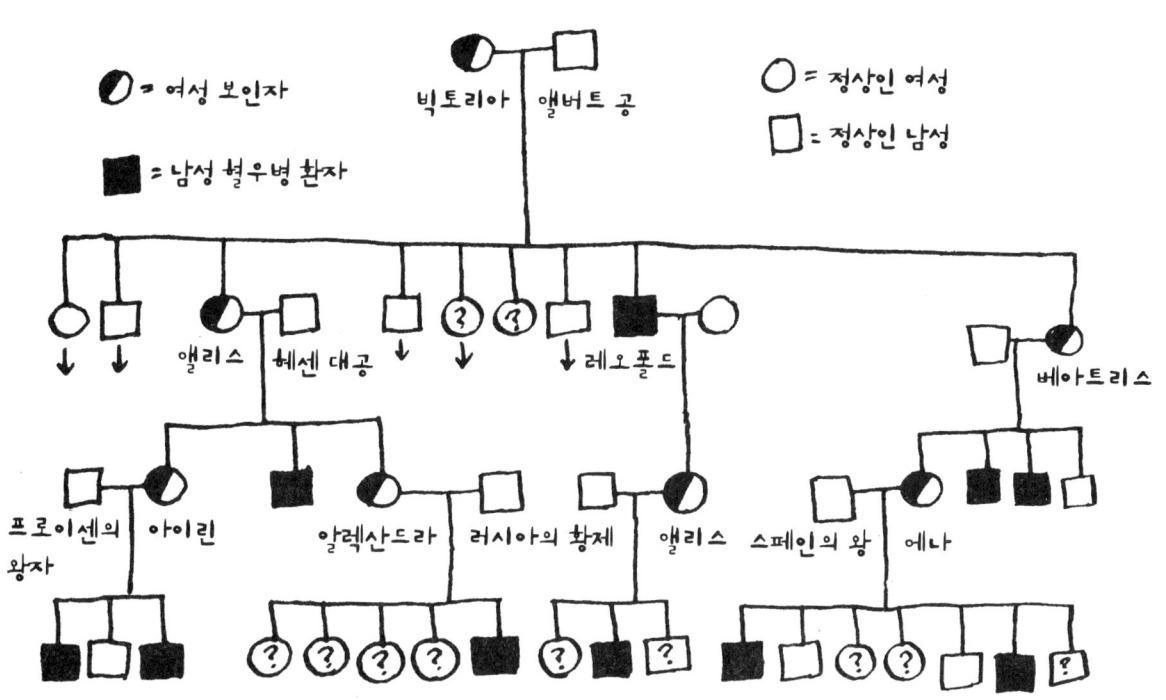

빅토리아 여왕의 여러 자손들은 유럽의 왕족들과 결혼했고, 이에 따라 그들의 병은 프로이센과 스페인, 혁명 전의 제정 러시아까지 퍼져나갔다.

WELL,

잠시 19세기 초에는 과학이 어디까지 발전했는지 살펴보자. 멘델과 그의 후계자들은 해묵은 수수께끼들을 풀어냈다. 부모의 역할, 잡종과 돌연변이의 본질, 성을 결정하는 요인, 나아가 생물의 특징을 부여하는 것이 무엇인지 등을 알아낸 것이다.

이 모든 것이 유전자와 관련이 있었다. 유전자들의 위치가 결정되고, 지도가 제작되고, 유전의 양상을 분석하기에 이르렀다. 이제 단 하나의 의문이 남았으니….

"그거야, 유전학자들은 왜 모두 턱수염을 뾰족하게 기르고 있는가 하는 거죠."

"맞아요, 맞아!"

아니, 그 의문은 다음과 같았다. 유전자는 무엇인가, 그리고 그것은 어떻게 작용하는가?

"아무도 발을 들여놓지 않은 곳으로 떠나볼까요?"

WHAT'S IN A CELL?
세포 속엔 무엇이 있나?

두 종의 전형적인 생물이 보인다. 고릴라와 바나나. 문제는…

유전자가 어떻게 작용하기에 고릴라는 고릴라가, 바나나는 바나나가 되는가 하는 것이다.

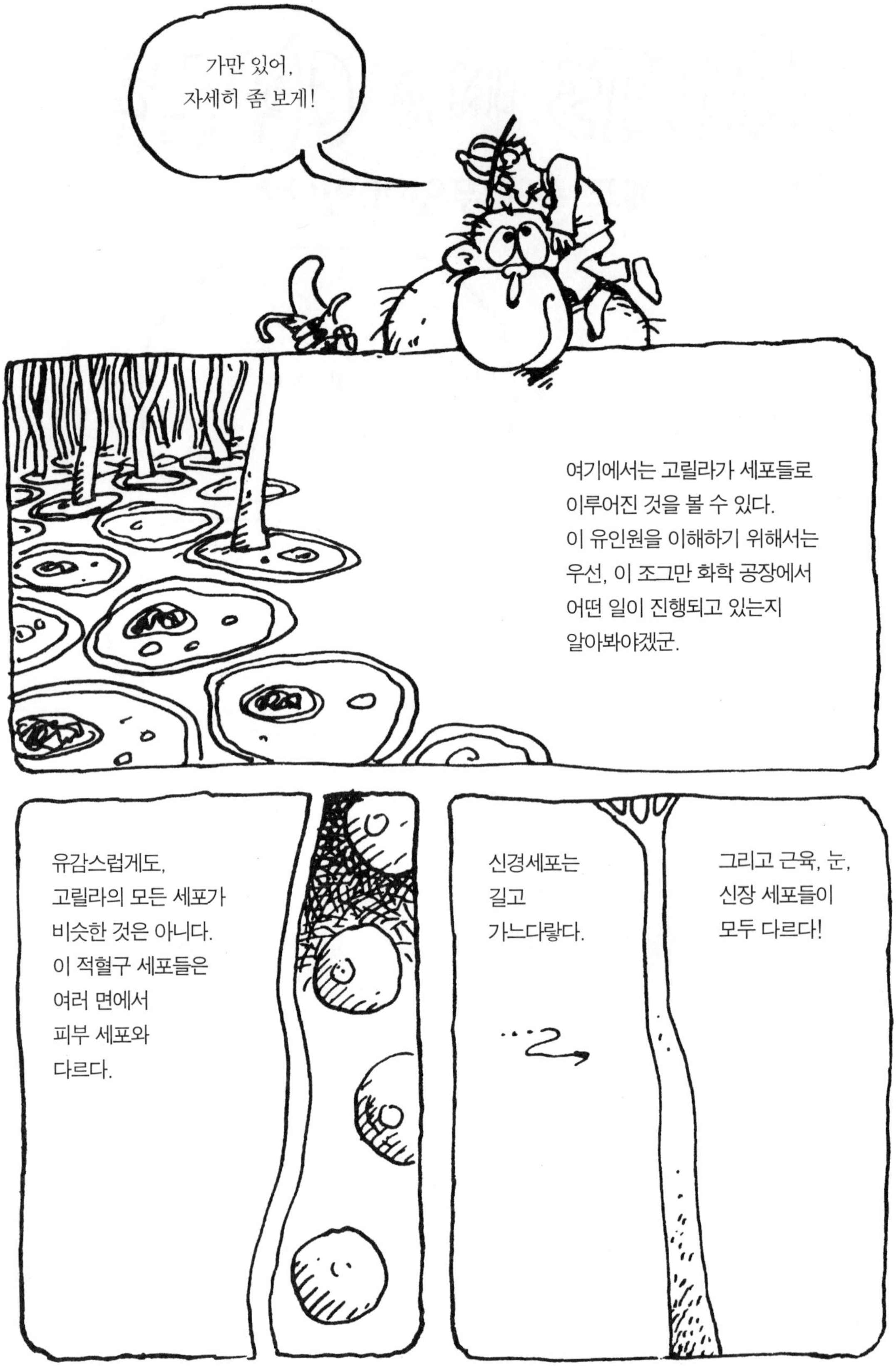

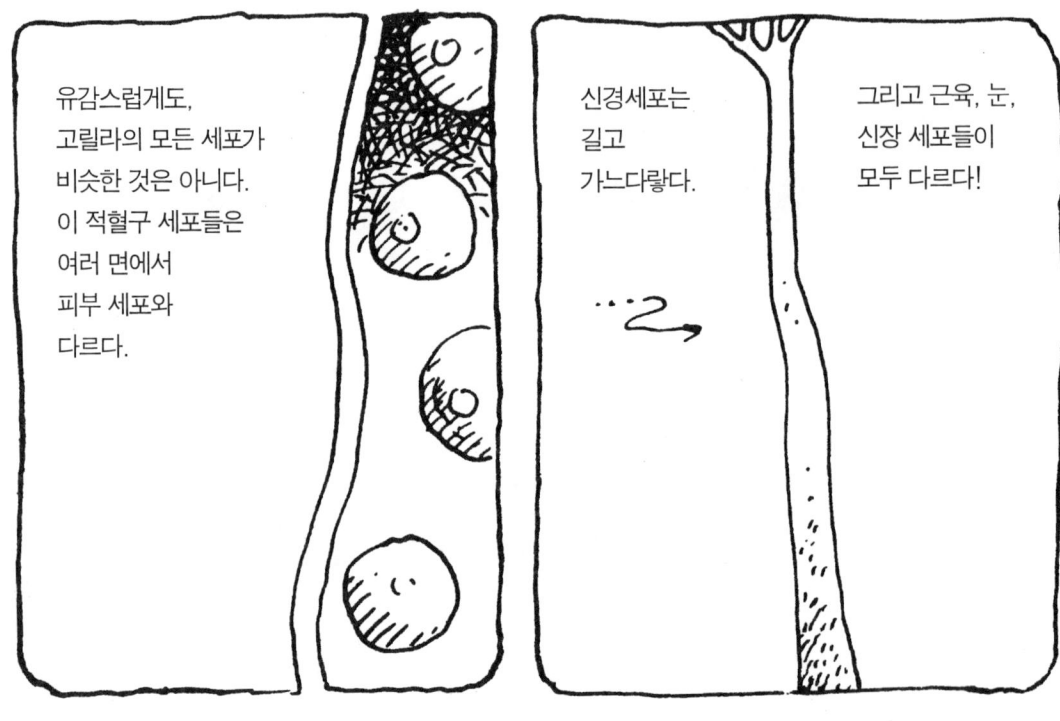

"가만 있어, 자세히 좀 보게!"

여기에서는 고릴라가 세포들로 이루어진 것을 볼 수 있다. 이 유인원을 이해하기 위해서는 우선, 이 조그만 화학 공장에서 어떤 일이 진행되고 있는지 알아봐야겠군.

유감스럽게도, 고릴라의 모든 세포가 비슷한 것은 아니다. 이 적혈구 세포들은 여러 면에서 피부 세포와 다르다.

신경세포는 길고 가느다랗다.

그리고 근육, 눈, 신장 세포들이 모두 다르다!

마찬가지로, 바나나도 갖가지 세포들을 보여준다.

그런데 각각의 세포 속에는 온갖 종류의 훨씬 더 작은 구조들이 가득하다.

그렇다면 바나나와 고릴라를 이해한다는 건 정말 너무나 어려운 일이다!

흠…. 골지체는 소포체와 연결되어 있군. 소포체는 핵막과 연결되어 있고… 핵막은 다시… 아이구, 허리야!

세균이라고 하면 병을 일으키는 것으로 생각하기 쉽지만, 대장균은 전혀 해가 없고 유익하기까지 하다. 다른 세균들이 그렇듯이, 대장균은 고등한 생물보다는 훨씬 덜 복잡한 세포로 되어 있다. 고등 생물들이 가진 세포 기관에서는 화학 작용을 하지 않기 때문이다. 복잡하기는 하지만 고릴라나 바나나보다는 훨씬 단순하다는 것이다. 이 대장균 중 한 놈 속으로 들어가 내부 구조를 살펴보자.

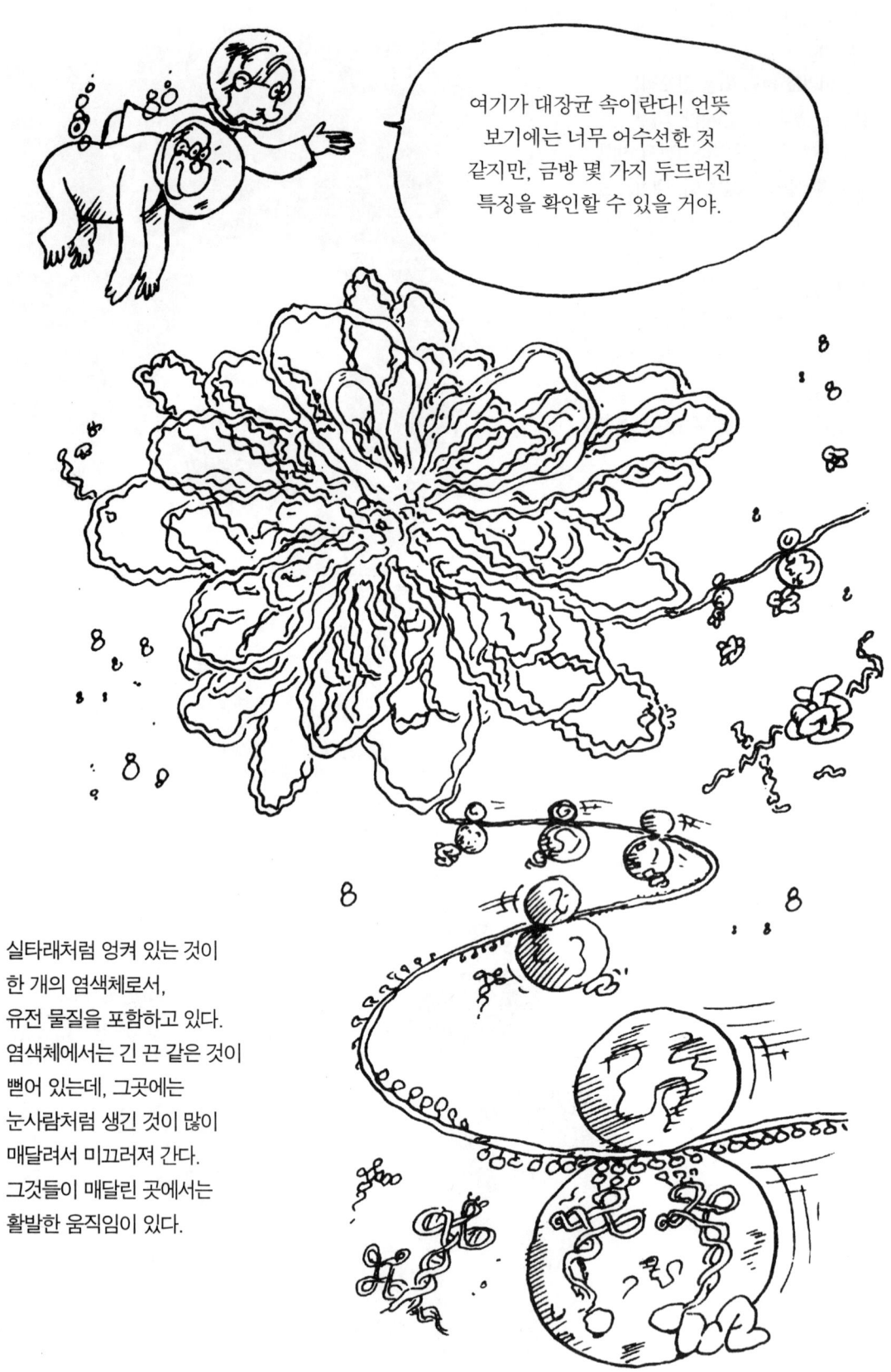

여기가 대장균 속이란다! 언뜻 보기에는 너무 어수선한 것 같지만, 금방 몇 가지 두드러진 특징을 확인할 수 있을 거야.

실타래처럼 엉켜 있는 것이 한 개의 염색체로서, 유전 물질을 포함하고 있다. 염색체에서는 긴 끈 같은 것이 뻗어 있는데, 그곳에는 눈사람처럼 생긴 것이 많이 매달려서 미끄러져 간다. 그것들이 매달린 곳에서는 활발한 움직임이 있다.

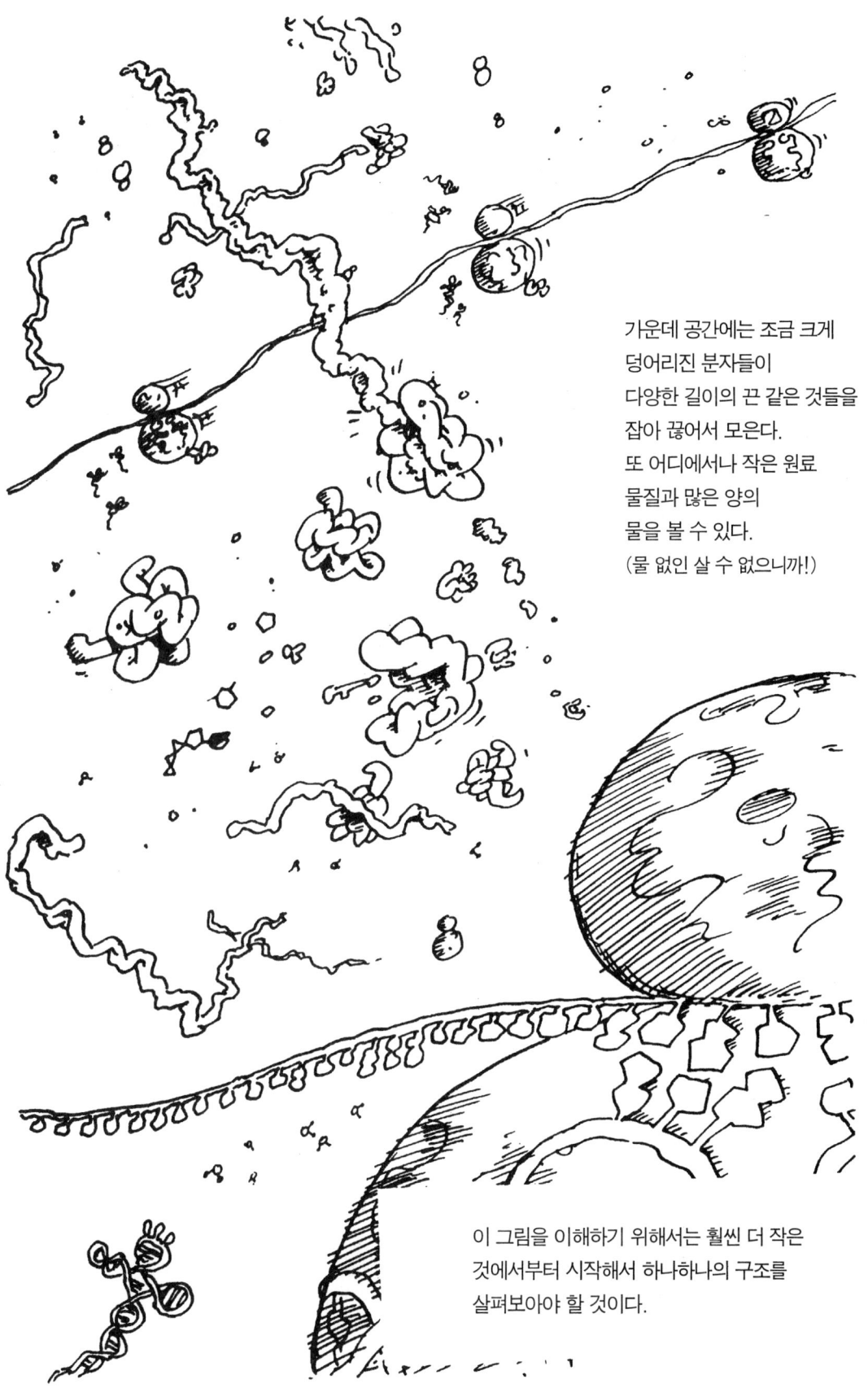

가운데 공간에는 조금 크게
덩어리진 분자들이
다양한 길이의 끈 같은 것들을
잡아 끊어서 모은다.
또 어디에서나 작은 원료
물질과 많은 양의
물을 볼 수 있다.
(물 없인 살 수 없으니까!)

이 그림을 이해하기 위해서는 훨씬 더 작은
것에서부터 시작해서 하나하나의 구조를
살펴보아야 할 것이다.

MACROMOLECULES

고분자

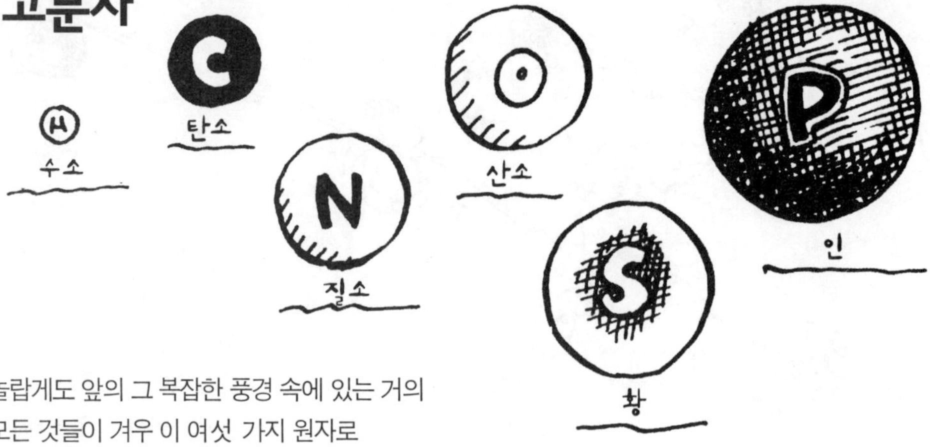

- H 수소
- C 탄소
- N 질소
- O 산소
- S 황
- P 인

놀랍게도 앞의 그 복잡한 풍경 속에 있는 거의 모든 것들이 겨우 이 여섯 가지 원자로 이루어져 있다는 것이다.

세포 속에서는 이 원자들이 결합해서 분자를 만든다.

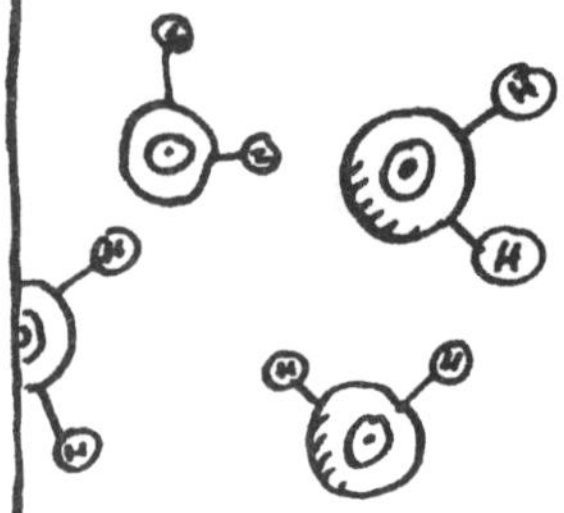

가장 단순하고도 월등히 많은 분자가 물, H_2O이다.

또 하나의 작은 분자로 피라미드 모양의 인산기, PO_4가 있다.

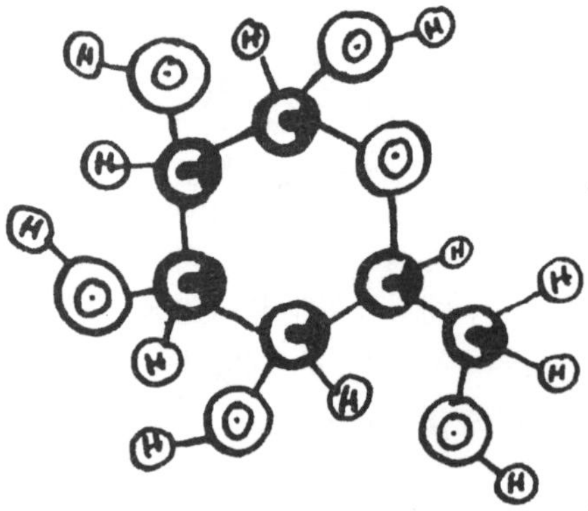

좀더 큰 것으로는 고리 모양의 당이 있다. 이것은 포도당, $C_6H_{12}O_6$이다.

하지만 세포 속에 있는 분자들 대부분은 엄청나게 크며 수천 개의 원자로 되어 있다. 이런 고분자들은 매우 크기는 하지만, 대개는 여러 개의 똑같은 구성 단위가 길게 연결된 것이다.

어디를 둘러봐도 사탕이니, 천국이 따로 없군!

예를 들어 다당류는 당의 분자들이 사슬 모양으로 연결된 것이다. 대표적인 다당류로 녹말과 셀룰로오스가 있다.

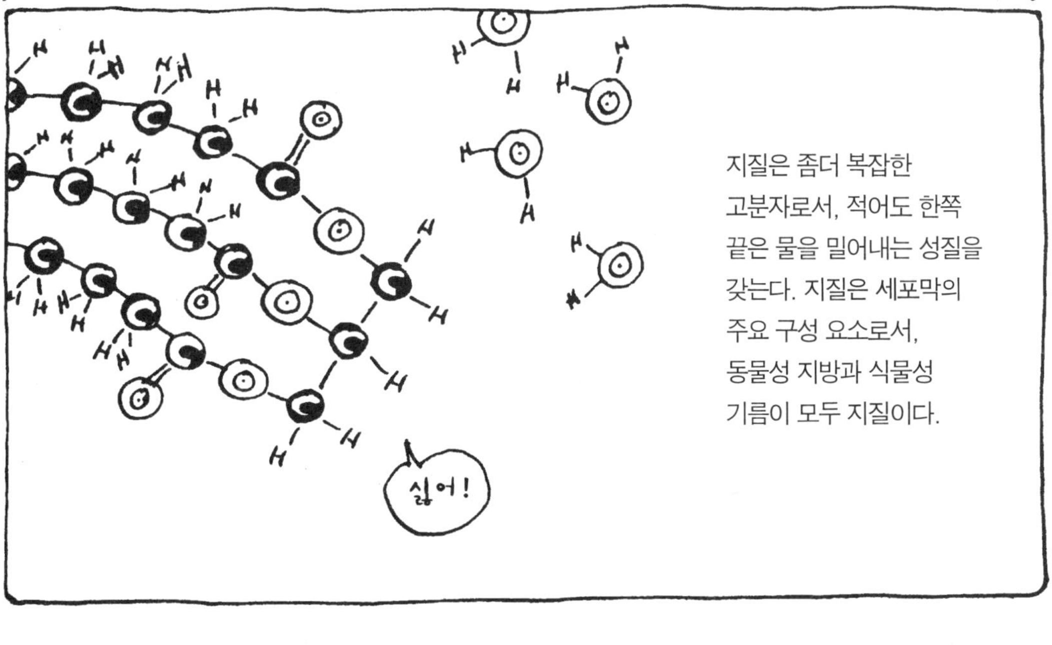

지질은 좀더 복잡한 고분자로서, 적어도 한쪽 끝은 물을 밀어내는 성질을 갖는다. 지질은 세포막의 주요 구성 요소로서, 동물성 지방과 식물성 기름이 모두 지질이다.

싫어!

훨씬 더 복잡하지만 유전학자들에게는 너무나 소중한 것이 핵산과 단백질이다.

핵산의 구성 단위를 뉴클레오티드라고 한다. 뉴클레오티드는 다시 세 개의 구성 요소를 갖는다. 당과 인산, 그리고 염기가 그것이다.

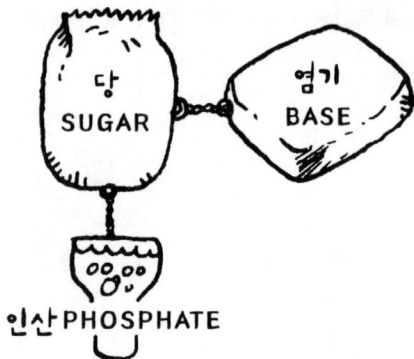

뉴클레오티드가 결합되면 당과 인산이 교대로 이어진 긴 뼈대에 일정한 순서로 염기가 매달린 구조가 된다.

당 – 염기 / 인산 /
당 – 염기 / 인산 /
당 – 염기 / 인산 /
등등!

수백만 개의 뉴클레오티드가 이런 식으로 연결될 수 있다.

뉴클레오티드를 만드는 당에는 두 종류가 있다. 이제 성가신 수소 원자들은 모조리 빼놓고 그림으로 나타내보자.

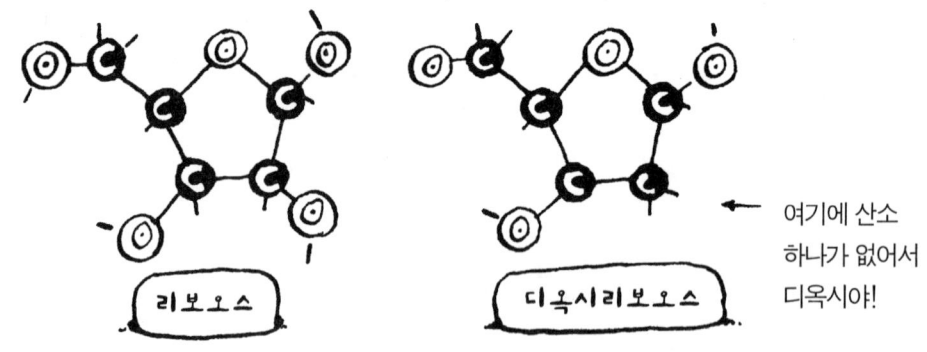

여기에 산소 하나가 없어서 디옥시야!

인산은 당에 이렇게 매달린다.

염기 문제는 나중에 다루기로 하고, 우선 A, C, G, T, U의 다섯 종류가 있다는 것만 알아두자.

어떤 주어진 핵산 고분자 속에 들어 있는 당은 모두 같다.

리보오스를 가진 핵산을 RNA, 즉 리보핵산이라 하고, 디옥시리보오스를 가진 핵산을 DNA, 즉 디옥시리보핵산이라고 한다.

DNA와 RNA 속에 들어 있는 염기들은 뉴클레오티드마다 다를 수 있다. 이 일을 통해서 핵산은 분자의 언어라는 생소한 형태의 메시지를 갖는다.

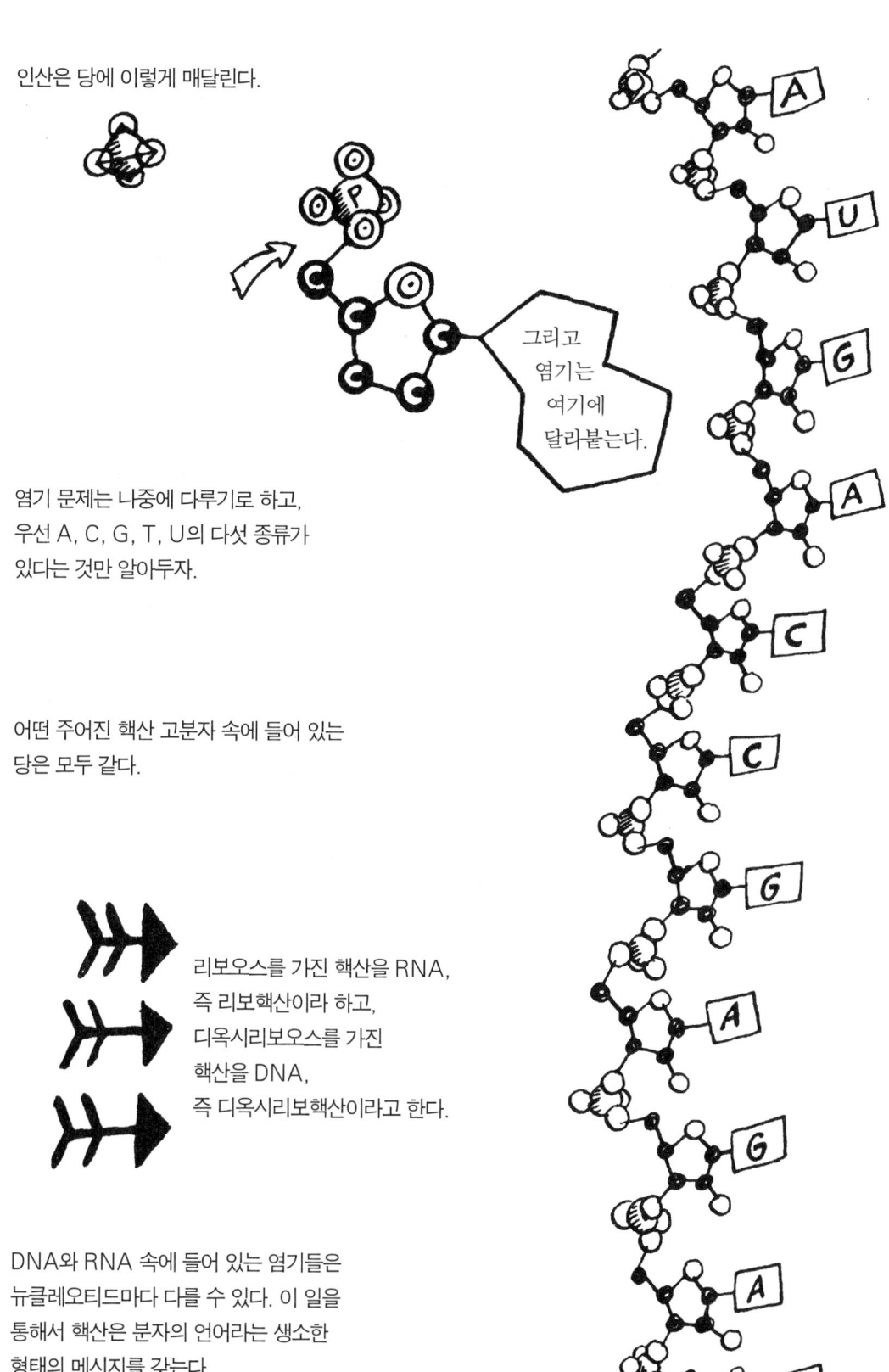

PROTEINS

단백질

단백질은 모든 고분자 중에서도 가장 복잡하다. 생물학자인 맥스 퍼루츠는 25년이라는 긴 세월을 헤모글로빈 연구에 바쳤는데, 헤모글로빈은 혈액 속에서 산소를 실어 나르는 일을 하는 단백질이다. 퍼루츠는 이 연구로 1962년 노벨상을 받았다.

하지만 어떻게 생각하면 단백질도 그렇게 복잡한 것이 아닐 수 있다. 단백질도 다른 고분자들처럼, 작은 구성 단위들이 길게 연결된 사슬이기 때문이다.

사실, 헤모글로빈은 두 쌍의 이런 사슬들이 대칭적으로 얽히고 설키어 있는 것이다.

단백질 분자의 구성 단위를 아미노산이라고 한다. 우간다의 독재자였던 '이디 아민'에서 이름을 따온 것은 물론 아니다.

아미노산은 이런 모양이다.

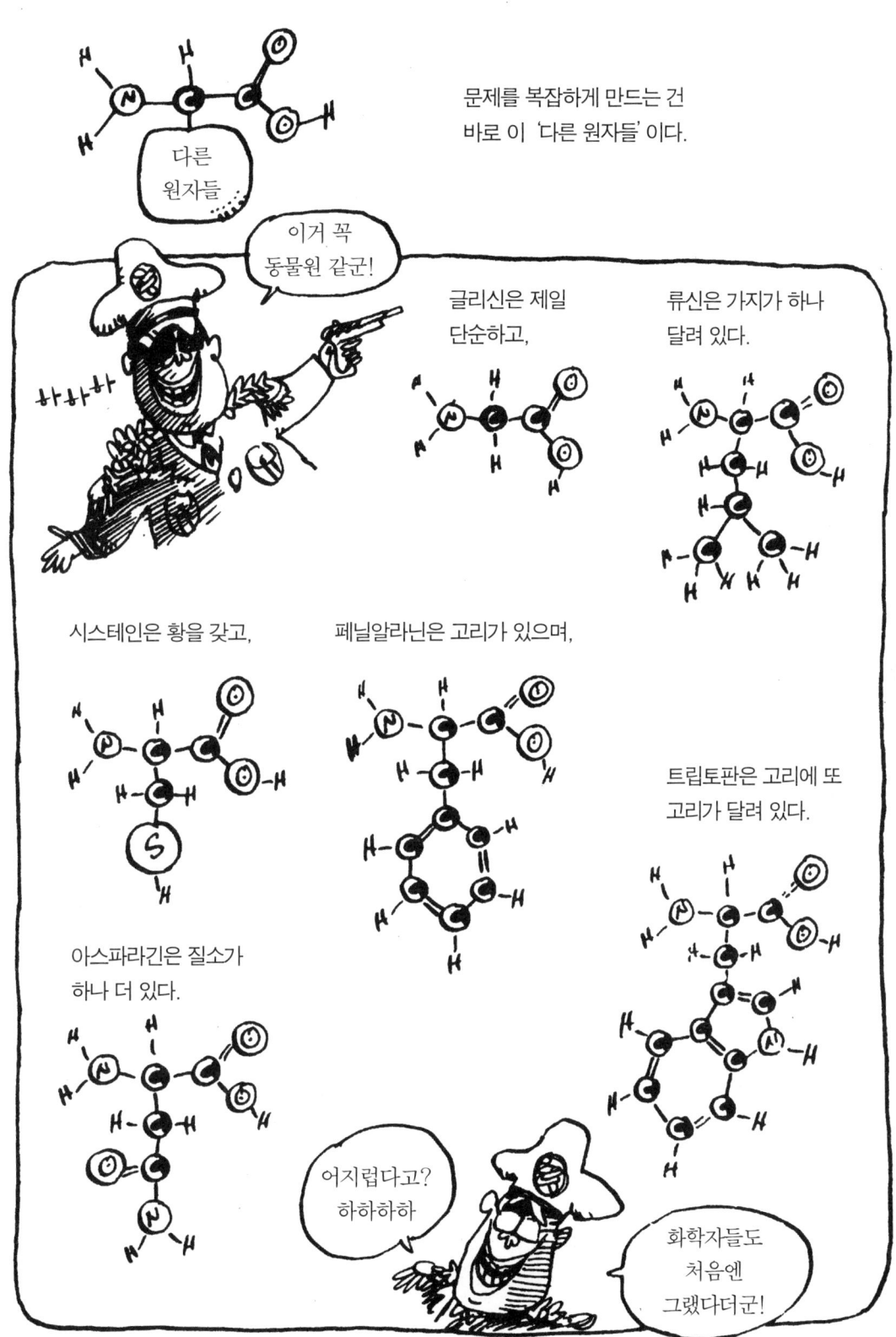

단백질을 만드는 것은 20가지의 표준 아미노산들이다.

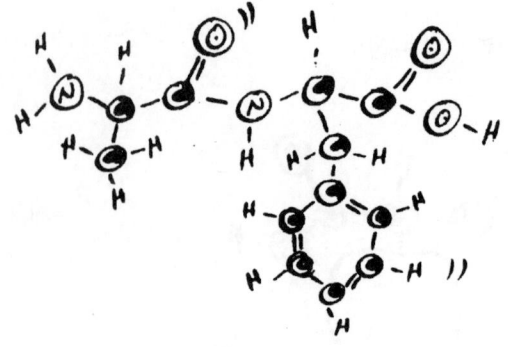

아미노산	약자
글리신	GLY
알라닌	ALA
발린	VAL
류신	LEU
이소류신	ILE
세린	SER
트레오닌	THR
아스파르트산	ASP
글루탐산	GLU
리신	LYS
아르기닌	ARG
아스파라긴	ASN
글루타민	GLN
시스테인	CYS
메티오닌	MET
페닐알라닌	PHE
티로신	TYR
트립토판	TRP
히스티딘	HIS
프롤린	PRO

(수소 원자 생략했음!)

어떤 아미노산이든지 두 개가 모이면 펩티드 결합을 할 수 있다. 아미노산들이 이렇게 계속 결합하면 폴리펩티드, 즉 단백질 사슬이 된다.

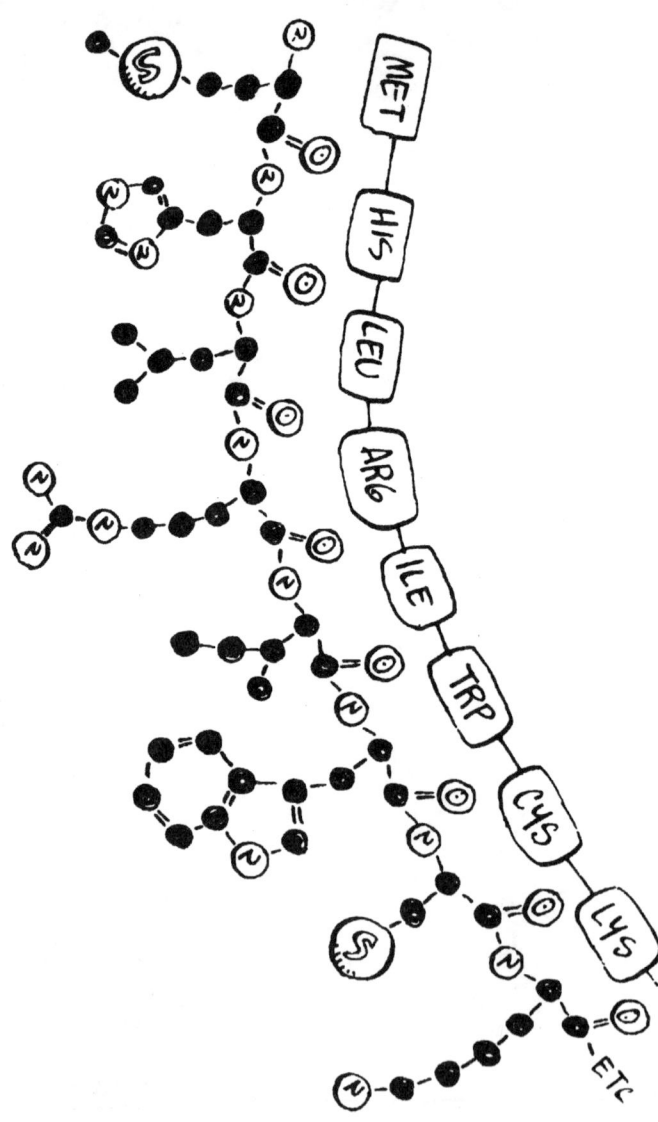

"한 놈의 아미노산도 빠져나갈 수 없다!"

"으하하하"

모든 단백질을 만드는 아미노산의 수와 순서는 확실히 정해져 있다. 아미노산 사이에는 서로를 끌어당기는 힘이 작용하기 때문에, 단백질 사슬은 치밀하면서도 탄력적인 형태로 돌돌 말려 있게 된다.

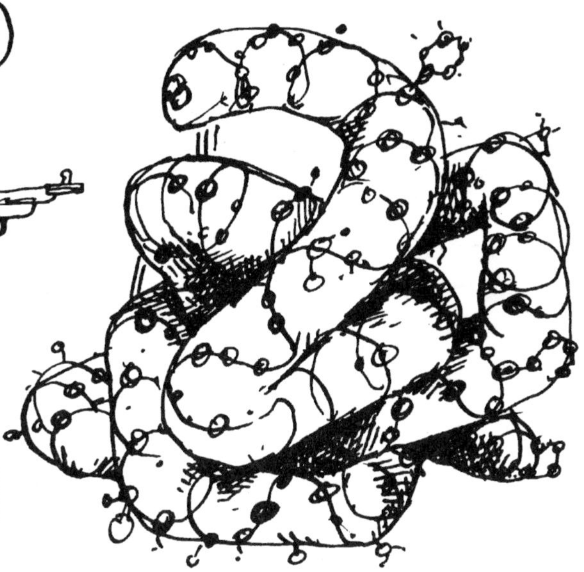

(헤모글로빈처럼 여러 개의 폴리펩티드 사슬이 함께 말려 있는 경우도 있다.)

단백질은 세포에서 어떤 일을 할까? 프로틴(단백질) 샴푸라는 말 때문에 단백질이 머리카락 영양제라고 생각할지도 모르겠다. 아니면 손톱, 발톱이나 머리카락, 치즈, 계란 등이 떠오를지도 모른다. 하지만 단백질의 대부분은 이런 것들과는 관계가 없다.

"누구냐? 배후 세력을 대라! 효소!"

신제품!

프로틴 보강 샴푸 속에 털이 났더라도 절대 마시지 말 것!

"단백질의 대부분은 효소랍니다!"

효소는 다른 분자들을 갈라놓기도 하고 붙여주기도 하는 단백질이다. 그리고 각 효소는 단 하나의 특정한 화학 반응에만 관여한다.

효소는 적당한 분자가 다가오기를 기다리다가

때가 되면 그 작은 분자를 붙잡는다.

그리고 화학 반응을 일으켜서

새로운 분자를 만든 뒤 놓아준다.

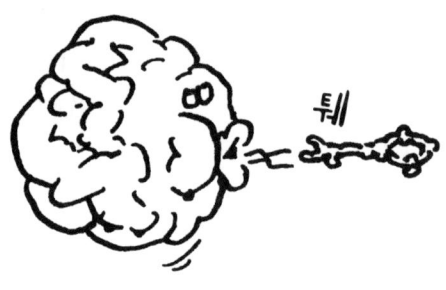

이런 일이 일어나도 효소에는 아무 변화도 없다.

소화 효소는 이런 식으로 커다란 분자들을 분해한다. 예를 들어 몇몇 종류는 다당류에서 당을 잘라내는 일을 한다.

이 단백질들은 매우 중요하다. 사실상 생물의 체내에서 일어나는 모든 화학 반응은 효소 작용으로 이루어지기 때문이다. 화학 물질들이 바나나의 뿌리를 타고 올라오면, 이 식물의 효소들이 화학 물질을 변화시켜 바나나의 구성 요소로 만들고…

그 뒤 고릴라가 바나나를 먹으면, 고릴라의 효소들이 바나나를 소화시켜 고릴라의 몸을 이루도록 하는 것이다.

그리고 고유한 효소를 가진 대장균에서도 같은 일이 일어난다!

그럼 효소를 만드는 건 뭘까?

생물을 만드는 것은 그 생물 자신의 효소들이다.

ONE GENE, ONE ENZYME
하나의 유전자에, 하나의 효소

유전자와 효소의 관계가 처음 밝혀졌다(1940년대). 생물학자 조지 비들과 에드워드 테이텀이 화학 영양액에서 배양한 붉은빵곰팡이의 돌연변이들을 연구해서 1유전자 1효소설을 제창한 것이다.

비들   테이텀

붉은빵곰팡이의 돌연변이들은 정상보다 더 많은 화학 영양 물질을 주어야만 배양할 수가 있었다. 어떤 것은 특정한 아미노산이 더 필요했고, 어떤 것은 특정한 비타민이 더 필요했다.

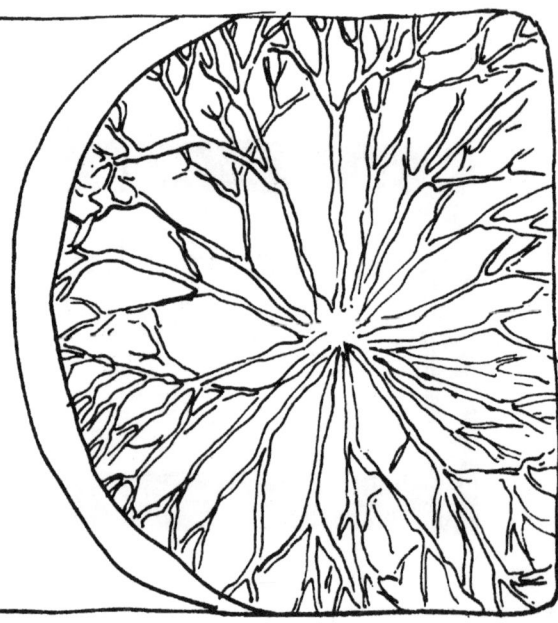

그들은 그 이유가 정상 곰팡이는 다른 화학 물질들을 이용해서 빠진 영양분을 만들어낼 수 있다는 것을 깨달았다.

반면에 돌연변이들은 그렇게 할 수가 없었다. 그러기 위해서 필요한 효소들이 없었기 때문이다.

철저한 교배 실험과 생화학 분석을 통해서 두 사람은 다음 사실을 발견했다. 한 유전자의 돌연변이는 한 효소의 결핍으로 이어진다.

달리 표현하면…

* *

유전자가 물질 대사에서 담당한 역할은 효소를 만드는 것이다. 그리고 모든 유전자는 각기 하나의 특정한 효소와 관계가 있다.

요컨대, '하나의 유전자에 하나의 효소'라는 것이다!

효소 만들기, 그것이 바로 유전자가 하는 일이었다. 하지만 유전자의 정체를 아는 사람은 아직 아무도 없었다. 그런데 1920년대에 그 분야에서 한 단계 더 발전을 이룩했다. 바로 프레드 그리피스의 실험이었다.

사실, 의도한 건 아니었답니다!

그리피스는 폐렴 쌍구균의 두 변종을 연구했다. 하나는 자연 상태에서 발견되는 야생형으로 병을 일으키는 세균이고,

다른 하나는 야생형이 가진 두꺼운 피막을 만드는 효소가 없는 변종으로, 병을 일으키지 않는 것이었다.

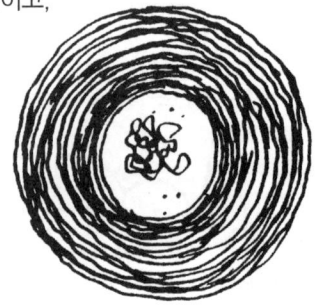

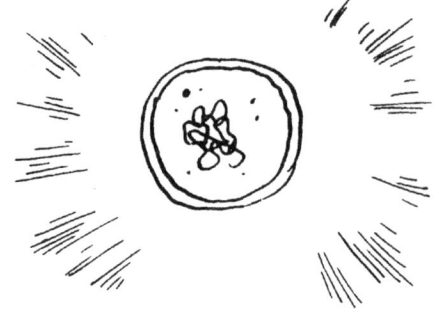

야생형을 주입한 생쥐는 언제나 죽음을 맞았으나

돌연변이 폐렴 쌍구균을 주입한 생쥐는 아무 영향도 받지 않았다.

휴우, 살았다.

그리피스는 이번에는 야생형에 열을 가해서 죽였다.

예상대로 열을 가해 죽인 세균은 생쥐를 해치지 않았다.

그 뒤, 그리피스는 열을 가해 죽인 야생형과 살아 있는 돌연변이를 섞어보았다.

두 가지 모두 그 자체로는 무해한 것이었음에도

생쥐는 죽었다. 뿐만 아니라 그 사체에서는 살아 있는 야생형의 폐렴 쌍구균이 발견되었다. 그리피스는 어찌된 영문인지 알 수가 없었다.

결국 이렇게 이해할 수밖에 없었다.

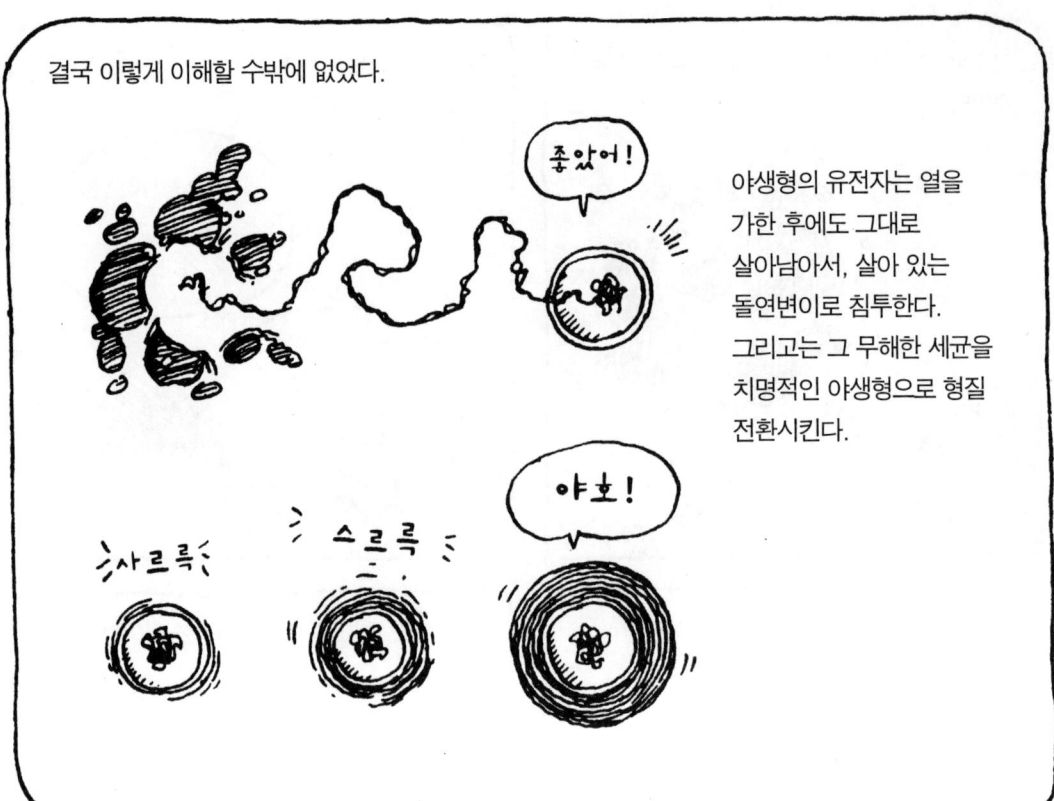

야생형의 유전자는 열을 가한 후에도 그대로 살아남아서, 살아 있는 돌연변이로 침투한다. 그리고는 그 무해한 세균을 치명적인 야생형으로 형질 전환시킨다.

1940년대에 오스월드 에이버리는 이 '형질 전환 물질'의 정체를 밝히는 일에 착수했다.

에이버리는 엄청나게 많은 세균을 끓여서 부수고, 침전시키고, 추출액을 만들고, 원심 분리기로 돌리고, 분석하기를 계속했다.

그래서 마침내 소량의 순수 유전 물질을 얻었다.

하지만 1944년 에이버리가 이런 연구 결과를 발표했을 때, 그의 이야기를 믿는 과학자는 거의 없었다.

THE SPIRAL STAIRCASE

나선형 계단

에이버리의 연구가 있기까지, 과학자들은 DNA에는 거의 눈길을 주지 않았다. 그것이 디옥시리보오스라는 당과 많은 인산, 그리고 네 가지 염기를 갖고 있다는 정도만 알려졌을 뿐이다.

A, C, G, T로 알려진 그 네 가지 염기는 다음과 같은 것들이다.

ADENINE 아데닌

CYTOSINE 시토신

GUANINE 구아닌

THYMINE 티민

그리고 이것들은 당연히 같은 비율로 존재한다고 생각되었다.

하지만 에이버리의 실험 이후에는 보다 철저한 조사가 이루어졌다.

어윈 샤가프는 다음 사실을 발견했다.

① DNA의 조성은 생물 종에 따라 다르다. 특히 A, C, T, G의 상대적인 양이 그렇다.

② 어떤 DNA에서나 A와 T의 수는 서로 같다. 마찬가지로 C와 G의 수도 같다.

이 사실이 뜻하는 바가 무엇일까? 샤가프로서는 알 수 없었다.

DNA의 X선 회절 사진을 구하던 로잘린드 프랭클린은 DNA 분자가 두 개나 세 개의 사슬을 가진 나선 모양일 거라고 했다.

그렇다면 둘일까, 아니면 셋일까?

1952년 제임스 왓슨과 프랜시스 크릭이 마침내 이 수수께끼를 풀었다.

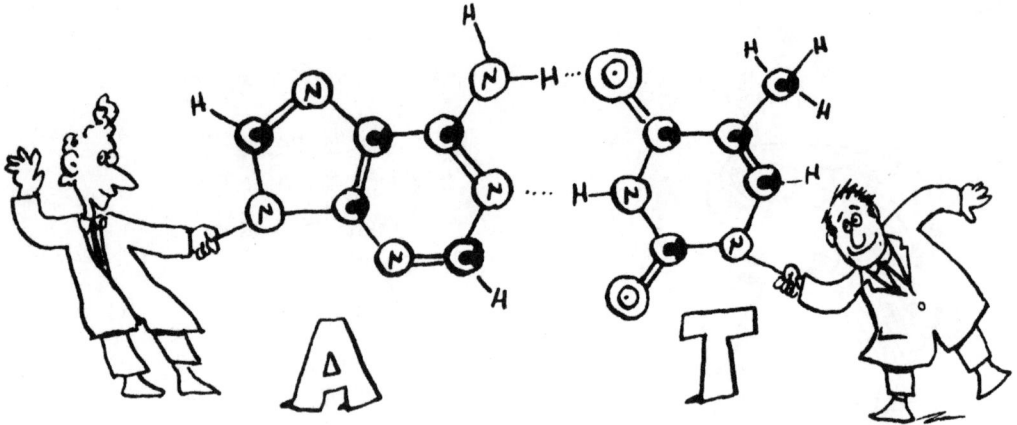

원자 모형을 이리저리 움직여보던 두 사람은 아데닌과 티민이 서로 잘 들어맞으며, 구아닌은 시토신과 자연스럽게 짝을 이룬다는 것을 알게 되었다.

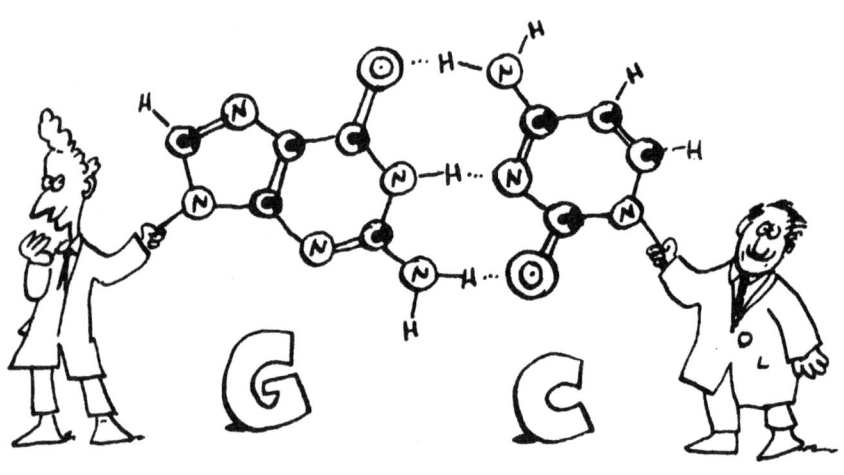

각 염기쌍을 이어주는 것은 수소 결합이었다. 한 분자의 수소 원자와 다른 분자의 비수소 원자 사이에 생기는 약한 결합이 그것이다.

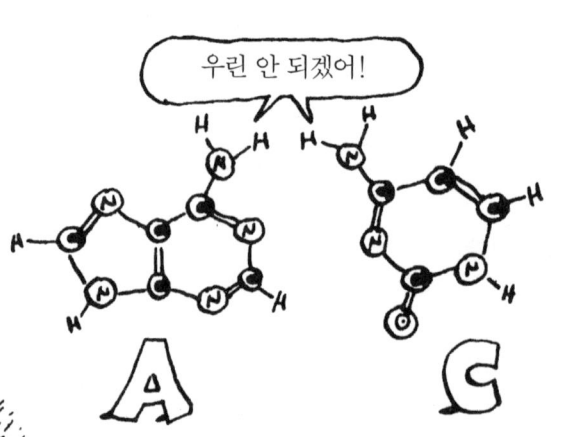

128

이 두 염기쌍은 거의 평면 구조를 이루었다.

왓슨과 크릭은 그것들을 계단처럼 차례로 쌓아올렸다. 그리고 당과 인산으로 이루어진 두 개의 가닥이 그 계단의 양옆에서 감기도록 했다.

그건 바로 이중나선이죠!!

한 가지 문제는, 두 가닥이 반대 방향으로 감겨 올라간다는 것이다. 한쪽 가닥의 당들은 다른 가닥에 있는 것들과 비교할 때 거꾸로 뒤집혀 있었다.

계속 이어짐

기타 등등!

인산

당

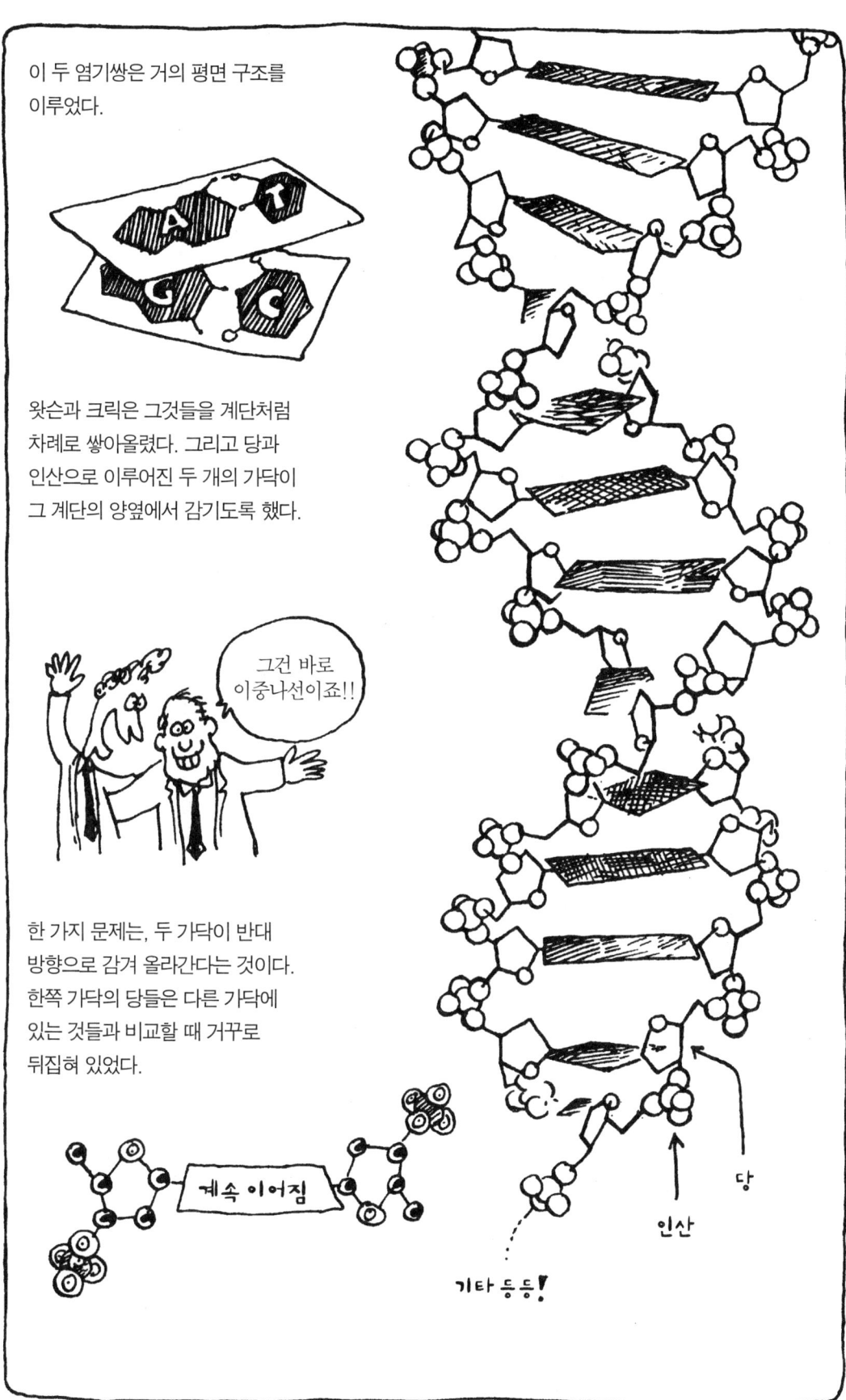

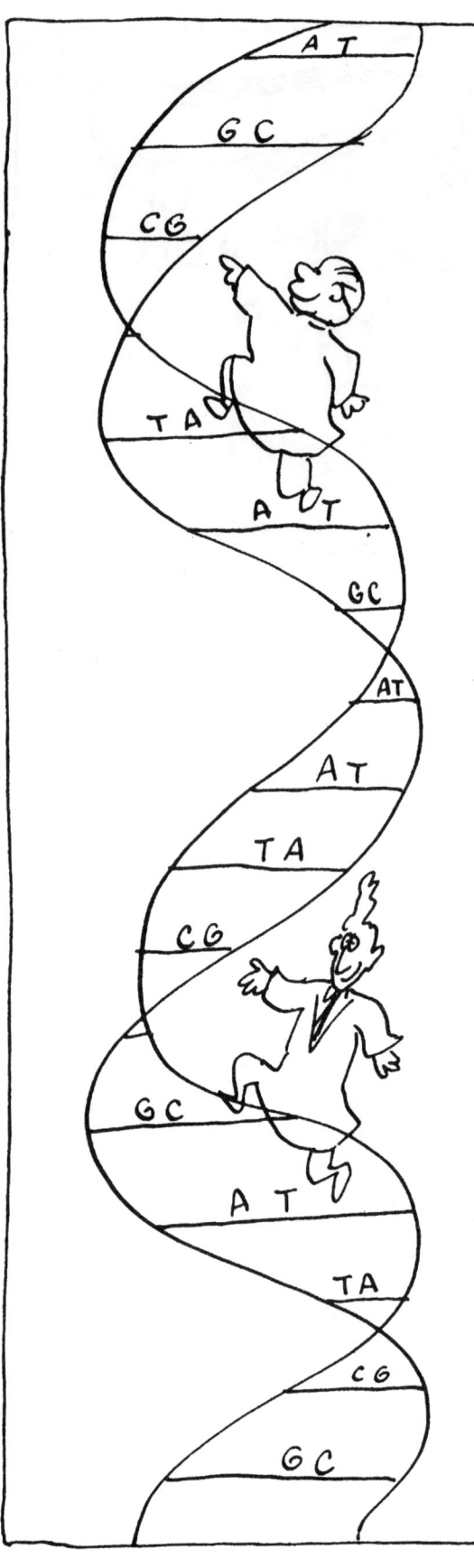

이런 모형은 T와 A의 수가 같다는 샤가프의 관찰 결과를 잘 설명해준다. T와 A가 언제나 쌍을 이루기 때문이다.

이것을 상보성의 원리라고 한다.
각 염기는 상보적인 염기가 있을 때에만 짝을 이룬다는 것이다.

왓슨과 크릭은 그 점을 간파하고, 이렇게 썼다.

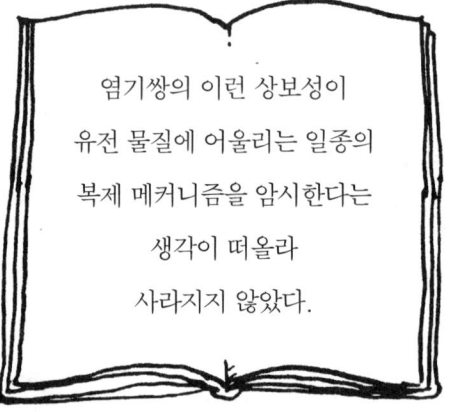

사실, 그 원리는 유전자의 가장 중요한 기능, 즉 복제와 단백질 합성의 열쇠가 된다.

REPLICATION 복제

왓슨과 크릭이 생각한 것처럼 유전자 베끼기, 즉 DNA 복제의 원리는 간단하다. 이중나선의 한가닥 한가닥이 상보적인 가닥을 만드는 데 필요한 정보를 이미 갖고 있기 때문이다.

그림으로 나타내면 다음과 같다. DNA가 증식할 준비가 되면 두 가닥의 사슬이 서로 떨어져나간다.

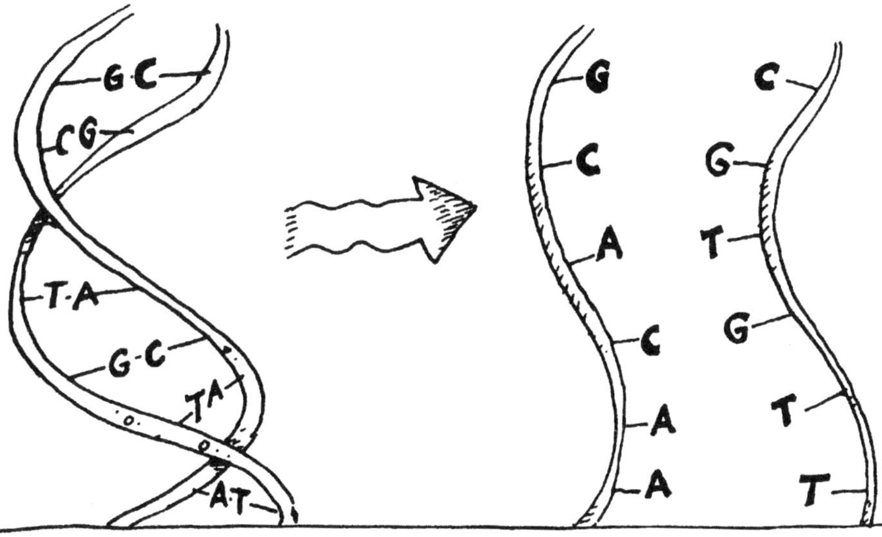

각각의 사슬을 따라서 새로운 사슬이 만들어진다.

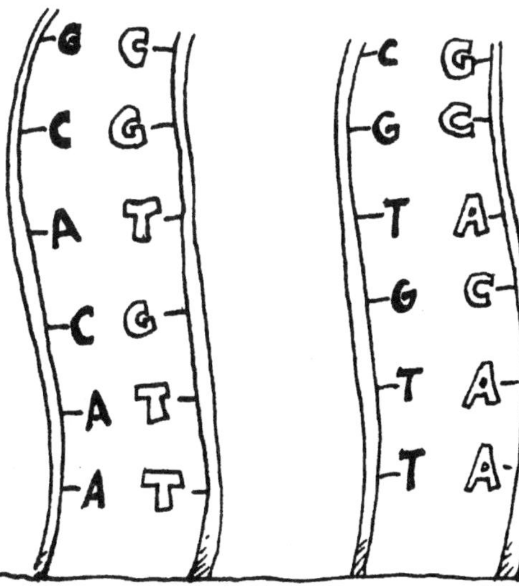

그 결과, 처음의 DNA와 똑같은 것이 두 벌이 된다.

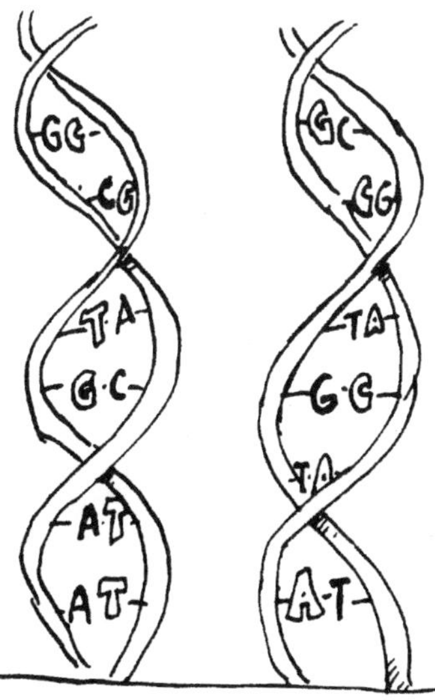

"엉킨 것 좀 풀어줘요!"

실제로 DNA의 복제 과정은 훨씬 더 복잡하다. 심지어 수많은 연구가 이루어진 대장균도 완전히 이해된 건 아닐 정도이니….

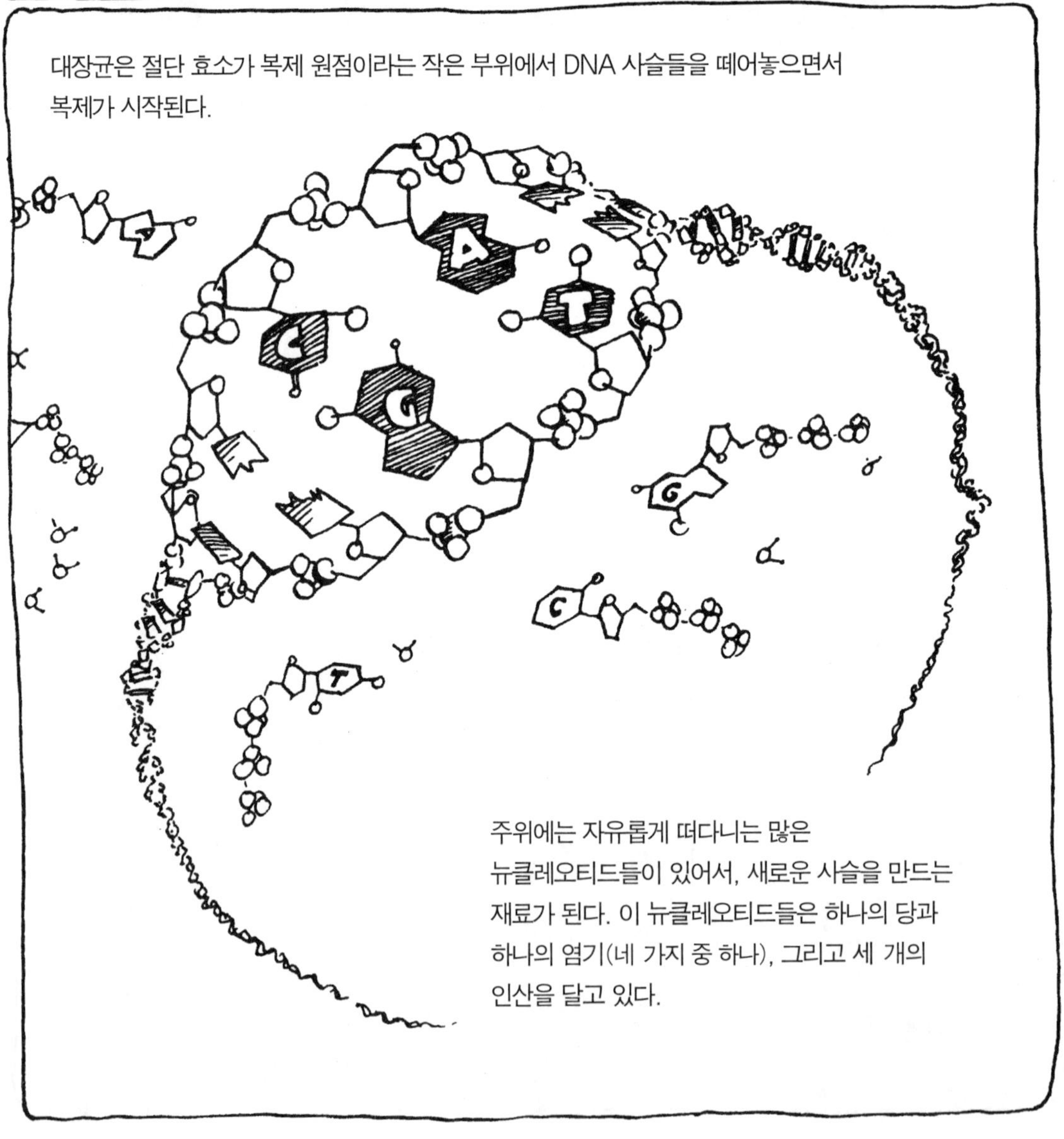

대장균은 절단 효소가 복제 원점이라는 작은 부위에서 DNA 사슬들을 떼어놓으면서 복제가 시작된다.

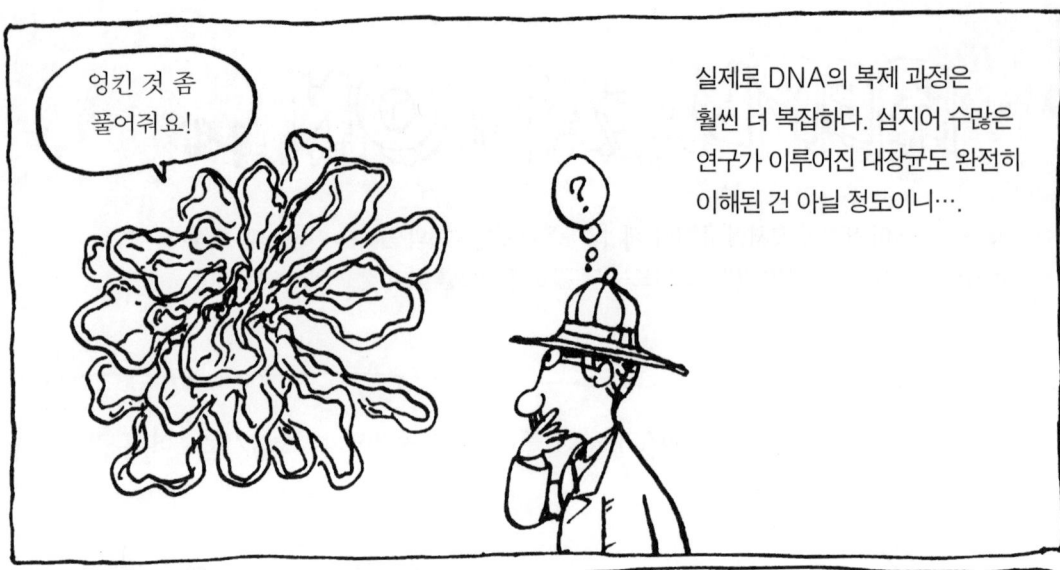

주위에는 자유롭게 떠다니는 많은 뉴클레오티드들이 있어서, 새로운 사슬을 만드는 재료가 된다. 이 뉴클레오티드들은 하나의 당과 하나의 염기(네 가지 중 하나), 그리고 세 개의 인산을 달고 있다.

자유로운 뉴클레오티드가 DNA에서 상보적인 염기를 만나면 서로 달라붙는다. 하지만 틀린 뉴클레오티드들은 쫓겨난다.

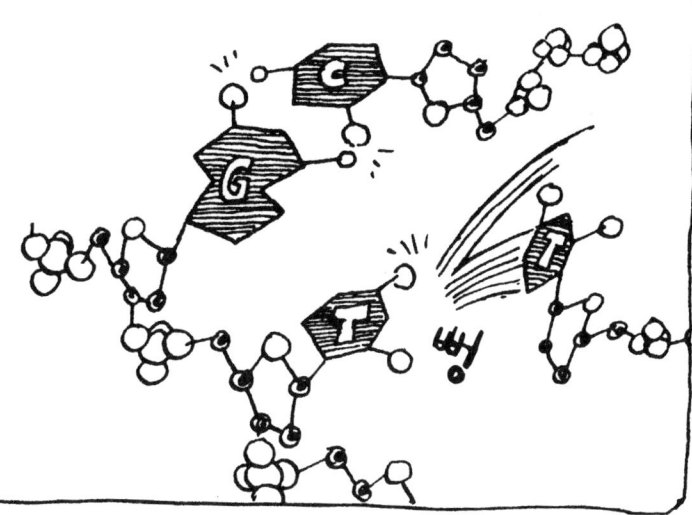

절단 효소가 DNA를 계속 열어가면서 더 많은 뉴클레오티드가 결합된다. 그러면 중합 효소가 그것들을 서로 붙여주면서 남는 인산은 떨어버린다.

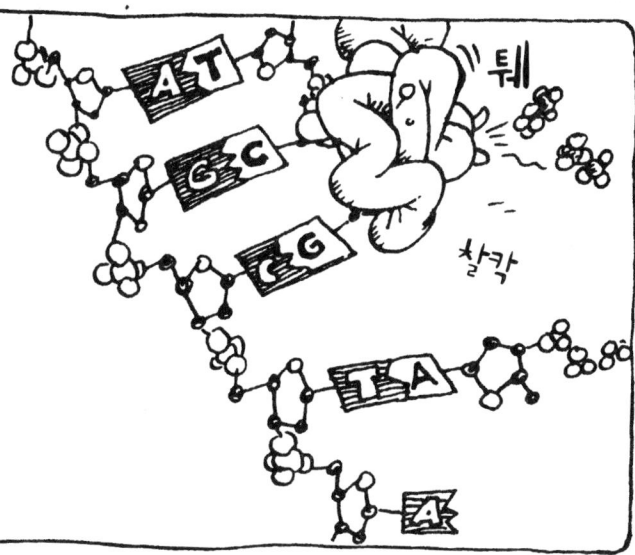

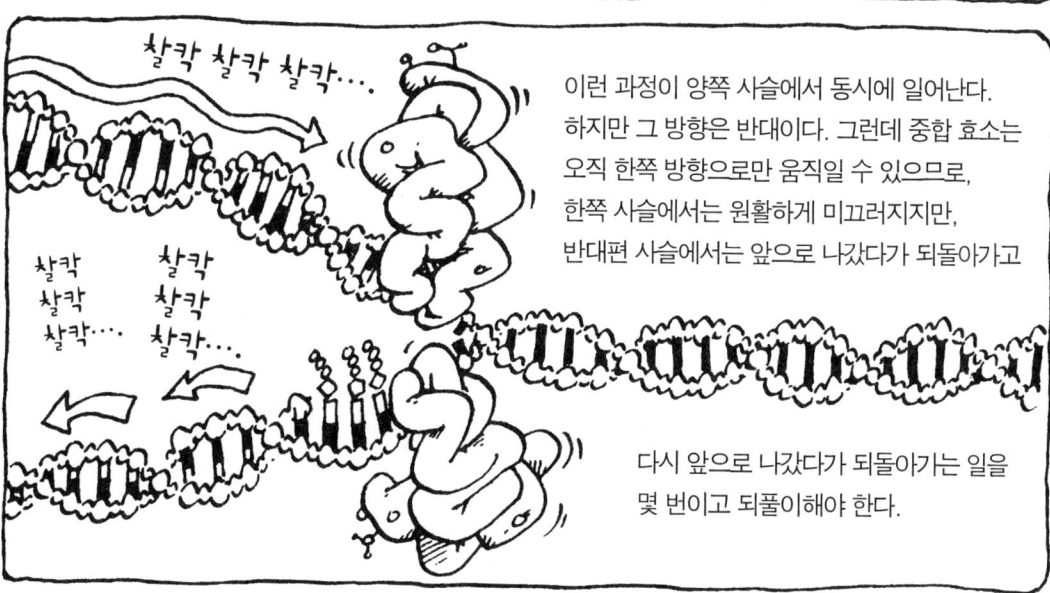

이런 과정이 양쪽 사슬에서 동시에 일어난다. 하지만 그 방향은 반대이다. 그런데 중합 효소는 오직 한쪽 방향으로만 움직일 수 있으므로, 한쪽 사슬에서는 원활하게 미끄러지지만, 반대편 사슬에서는 앞으로 나갔다가 되돌아가고

다시 앞으로 나갔다가 되돌아가는 일을 몇 번이고 되풀이해야 한다.

복제가 끝나고 나면 세포 분열이 일어날 수 있도록 두 개의 새 염색체들이 떨어져나가야 한다.

잘 있거라, 나는 간다!

지금까지 그린 DNA 복제 그림도 여전히 간단한 스케치에 지나지 않는다. 예를 들어 이중나선의 두 사슬을 푸는 일만 해도 8000rpm(매분 8천회 회전)의 속도로 회전해야 하는데, 어떻게 이런 일이 가능한가 하는 것은 아직도 제대로 알려져 있지 않다.

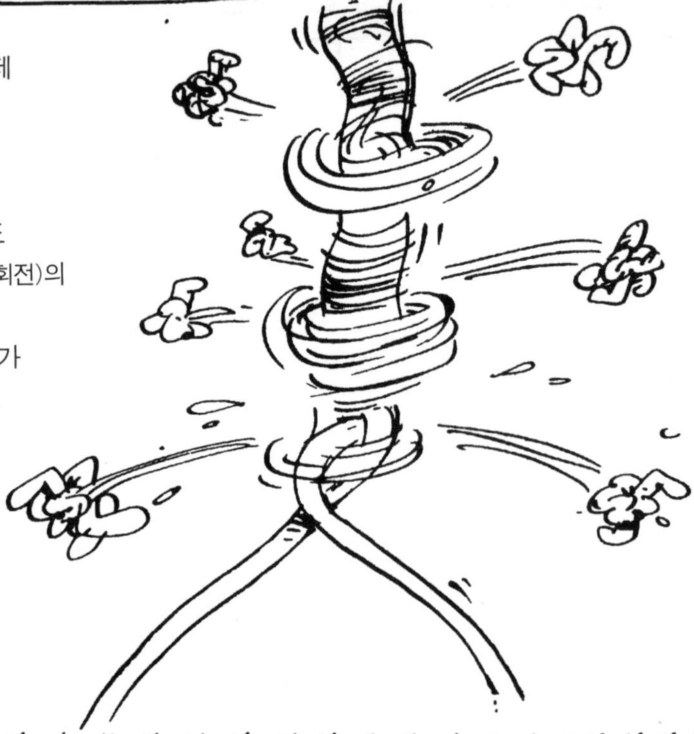

✶✶✶✶✶✶✶✶✶✶✶✶✶✶✶✶✶✶✶✶✶✶✶✶✶✶✶✶✶✶

어쨌든 상보성의 원리는 복제의 열쇠이다. 이는 유전자의 두번째 주요 기능에 대해서도 마찬가지이다.

효소의 합성 말이야!

The MOLECULE is the MESSAGE
분자가 곧 메시지이다

효소와 다른 단백질들은
다양성이 많지만,
한 가지 중요한 측면에서는
모두 같다.

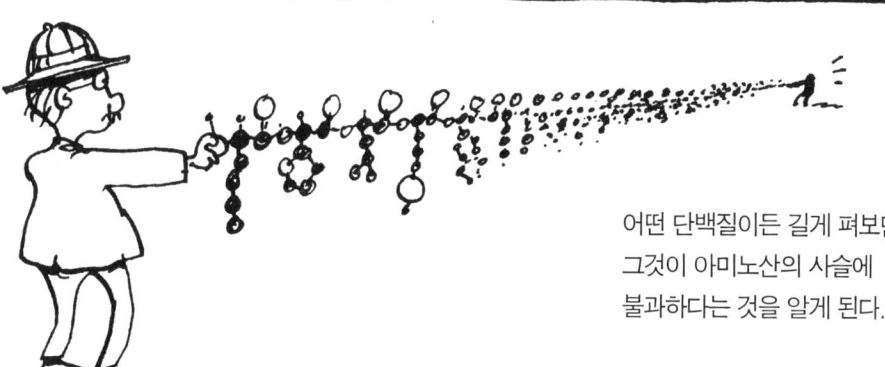

어떤 단백질이든 길게 펴보면,
그것이 아미노산의 사슬에
불과하다는 것을 알게 된다.

이제 잡았던 손을 놓으면
단백질은 스스로 다시
말려버린다. 그 구성 요소들의
서로 끌어당기는 힘 때문이다.

사실, 많은 단백질들은
또 다른 보조 단백질의
도움을 받아서 돌돌 말린다.

이 말은 서열이 구조를 결정한다는 뜻이다.

유전자와 단백질의 관계를 놓고 볼 때, 이는 DNA의 염기 서열이 어떻게든 단백질의 배열 순서를 반영한다는 것을 암시한다.

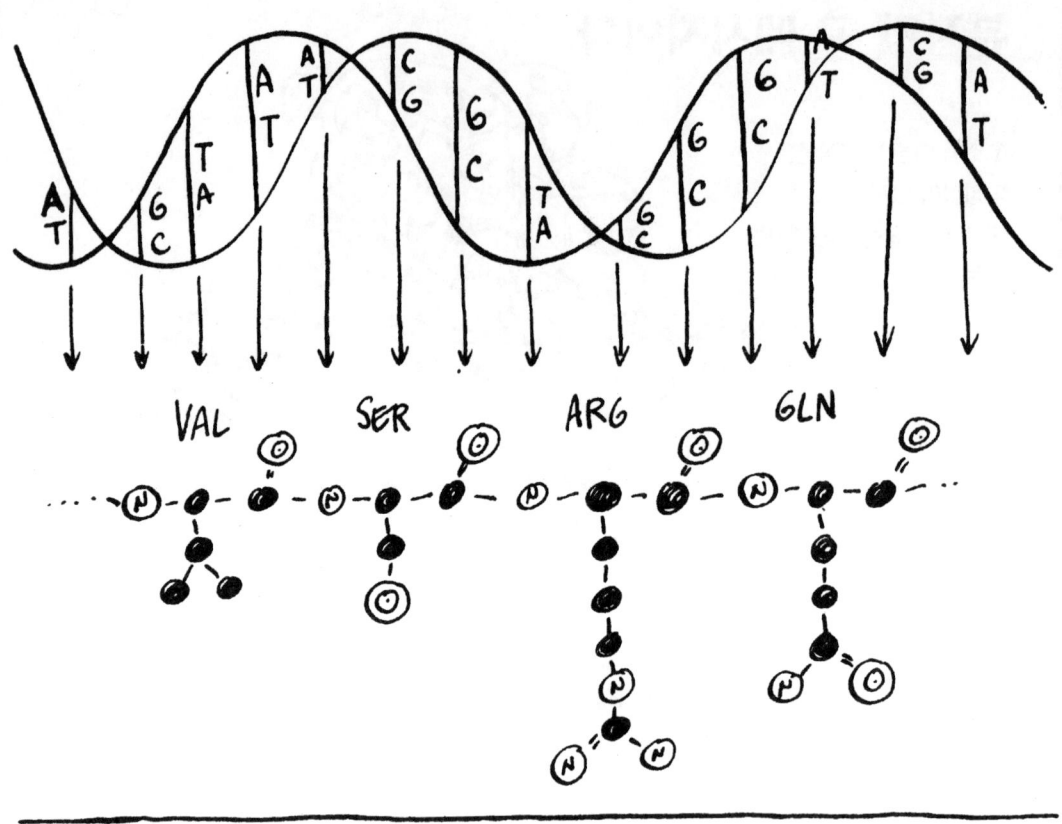

염기 서열은 각 단백질의 아미노산 배열 순서를 명기하는 일련의 단어들이라고 생각할 수 있다.

DNA의 단어들을 아미노산으로 번역하기 위해서는 정교한 분자 기계들이 작동되어야 한다.

왜 그렇게 복잡한 일이 많을까?

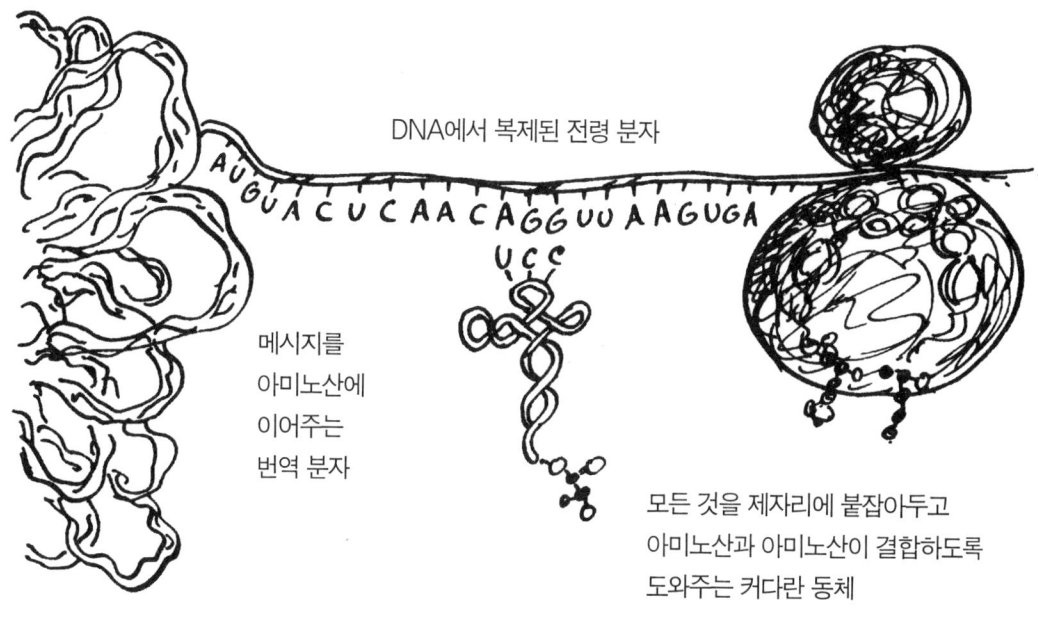

DNA에서 복제된 전령 분자

메시지를 아미노산에 이어주는 번역 분자

모든 것을 제자리에 붙잡아두고 아미노산과 아미노산이 결합하도록 도와주는 커다란 동체

이 세 요소들의 일부 또는 전부는 또 하나의 핵산을 만든다.

아~레~네~이

RNA, 리보핵산은 DNA와 비슷하다. 당과 인산으로 이루어진 뼈대에 염기들이 달라붙어 있기 때문이다.

물론 다른 점도 있지.

RNA의 당은 리보오스로, DNA의 디옥시리보오스와 조금 다르다. 또한 RNA는 한 가닥의 사슬로서, DNA보다 훨씬 더 짧다. DNA가 백만 개 이상의 뉴클레오티드를 갖고 있다면, RNA는 고작 50개에서 1,000개를 갖고 있다.

그리고 DNA가 A, C, G, T의 염기를 갖는 반면, RNA는 A, C, G, U(우라실)을 갖는다.

URACIL
우라실

우라실(U)은 티민(T)과 마찬가지로 아데닌(A)과 염기쌍을 이룬다.

이제는 RNA가 어떻게 일하는지 알아봅시다!

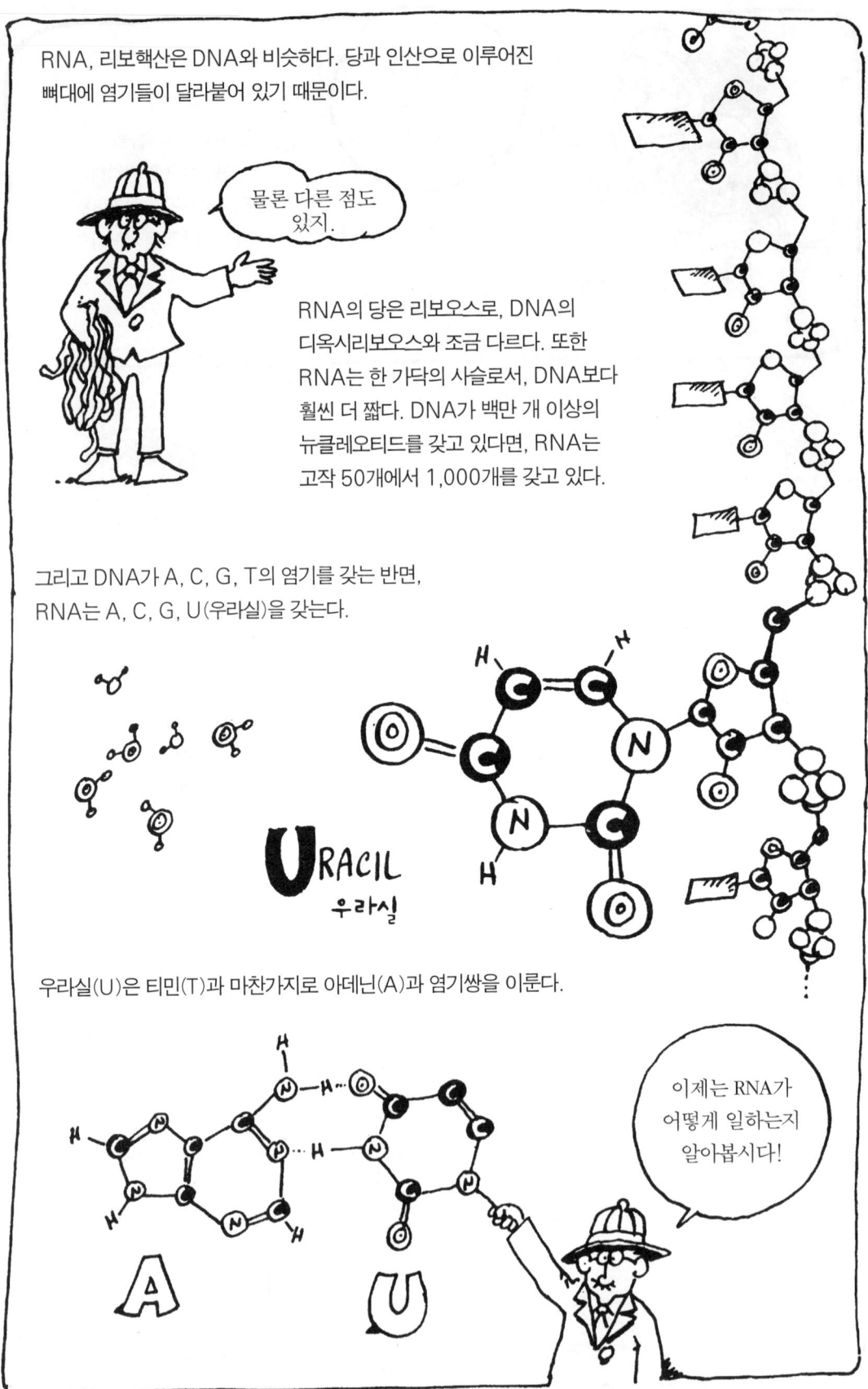

DNA의 어떤 부위에서 이중나선 구조가 풀어지면, 그 한 가닥을 따라 RNA 중합 효소는 RNA 분자를 합성하여, 단백질 합성이 시작된다. 이 과정을 전사라고 한다.

이 일은 DNA 복제와 비슷한 방식으로 일어난다. RNA의 염기들이 대응하는 DNA의 염기와 상보성을 갖는다.

이렇게 만들어진 RNA를 전령 RNA, 즉 mRNA라고 한다. DNA의 유전 정보를 단백질 공장에 전달하는 일을 하기 때문이다.

그 정보의 단어는 세 개의 염기가 한 조를 이룬 것(트리플렛)이다. A-U-G, A-C-G 같은 것들이다. 전문 용어로는 이 덩어리들을 코돈(codon)이라고 한다.

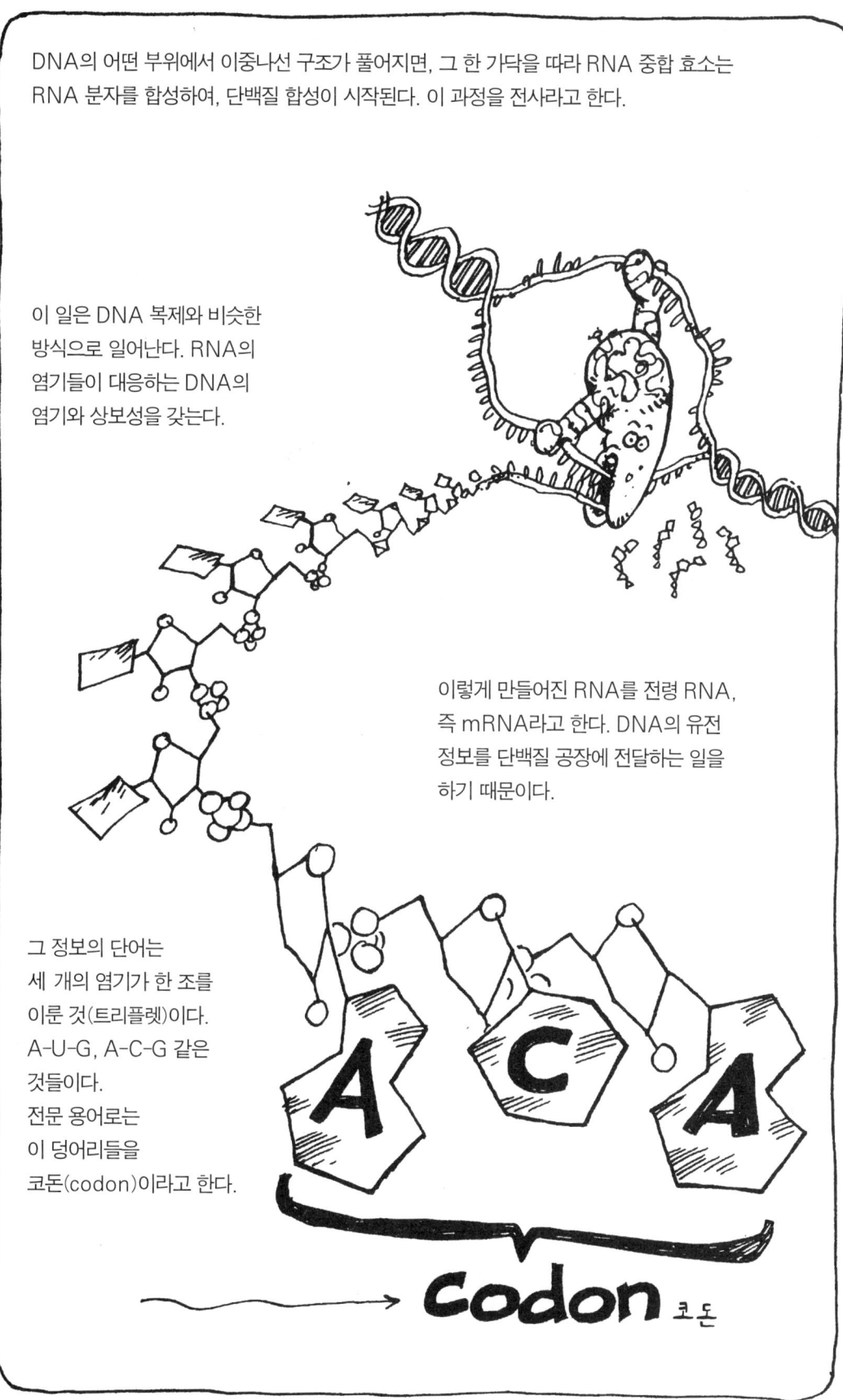

codon 코돈

각각의 트리플렛 코돈은 한 개의 아미노산에 해당한다.
그리고 mRNA는 전체적으로 한 개의 단백질(또는 몇 개의 단백질)에 대한 정보를 담고 있다. 암호로 쓰인 메시지와 같은 것이다.

THE GENETIC CODE!
유전 암호

이 암호의 해독은 1961년에 시작되었다. 마셜 니런버그가 우라실만으로 되어 있는 U-U-U-U-U-가 계속 반복되는 특수한 mRNA를 만든 것이다.

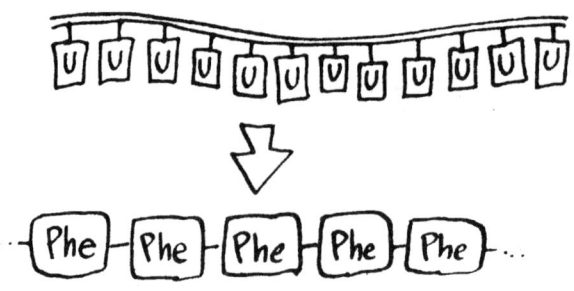

그가 여기에서 얻은 단백질은 오직 페닐알라닌(Phe)만으로 이루어진 것이었다.

이렇게 해서, UUU는 페닐알라닌의 코돈임이 밝혀졌다!
그 뒤에는 아데닌만으로 된 것,
시토신만으로 된 것,
UG가 되풀이되는 것,
UGU가 되풀이되는 것 등을
이용해서 계속 암호를 풀어나갔다.

UUU → Phe
AAA → Lys
CCC →
UGU →
GUU →
UUG → Leu
GUG → Val

완전한 암호 일람표는 다음 장에!

	U	C	A	G	
U	UUU UUC } PHE UUA UUG } LEU	UCU UCC UCA UCG } SER	UAU UAC } TYR UAA UAG } STOP	UGU UGC } CYS UGA STOP UGG TRP	U C A G
C	CUU CUC CUA CUG } LEU	CCU CCC CCA CCG } PRO	CAU CAC } HIS CAA CAG } GLN	CGU CGC CGA CGG } ARG	U C A G
A	AUU AUC AUA } ILE AUG MET	ACU ACC ACA ACG } THR	AAU AAC } ASN AAA AAG } LYS	AGU AGC } SER AGA AGG } ARG	U C A G
G	GUU GUC GUA GUG } VAL	GCU GCC GCA GCG } ALA	GAU GAC } ASP GAA GAG } GLU	GGU GGC GGA GGG } GLY	U C A G

암호는 충분하다. 64가지 코돈이 있는데, 아미노산은 모두 20개에 불과하기 때문이다. 그래서 동의어가 있고, 서로 다른 코돈들이 같은 아미노산을 나타낸다. 종결을 나타내는 코돈도 있다. 그 세 개의 코돈은 아미노산이 아니라, 메시지가 끝났음을 말한다. 또한 암호는 겹치지 않는다. 그 단어들은 공백도 겹치는 부분도 없이 꼬리에 꼬리를 물고 이어진다. 그러면 그것이 시작되는 곳은 어떻게 알 수 있을까?

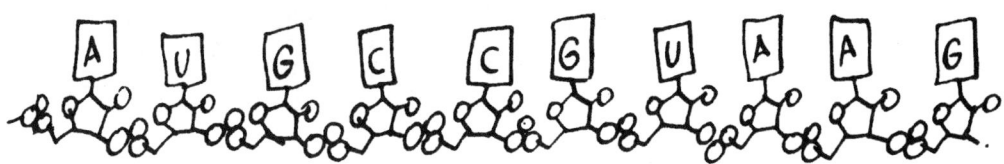

유전 암호의 실질적인 번역자는 운반 RNA, 즉 tRNA라는 것들이다. 이는 스스로 염기쌍을 이루는 부분을 갖고 있어서 이처럼 열쇠 모양으로 꼬여 있다.

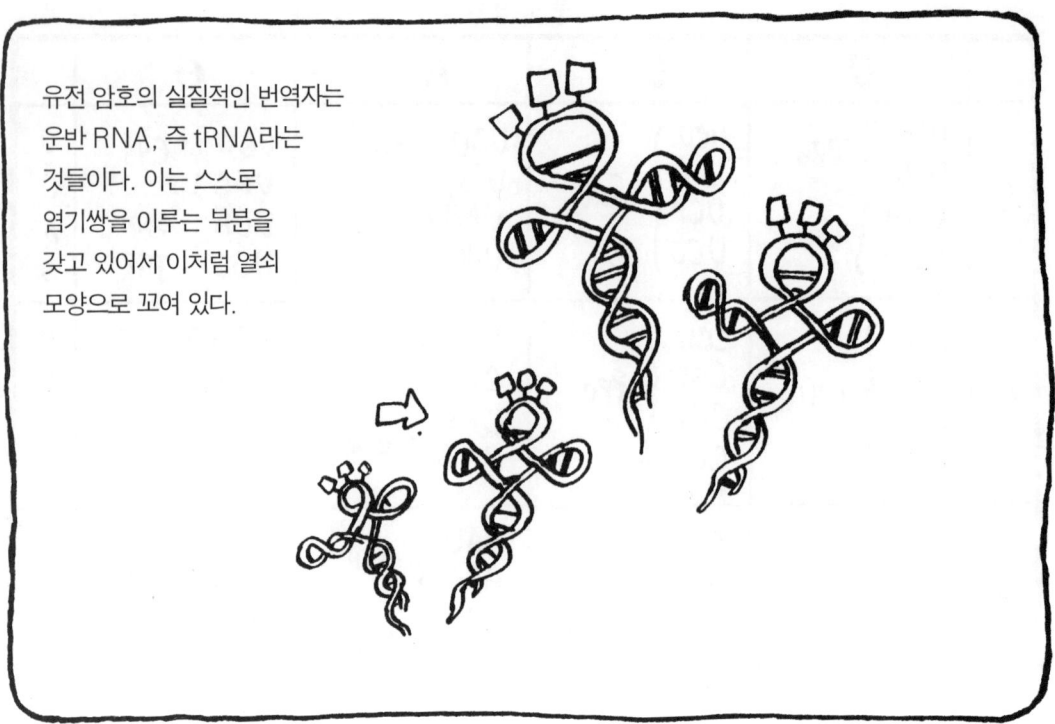

tRNA의 고리 모양으로 생긴 부분에는 염기쌍을 이루지 않는 세 개의 염기가 있다. 이 안티코돈은 mRNA의 상보적인 코돈과 결합한다. 또 tRNA의 꼬리 부분은 한 개의 아미노산이 달라붙는 자리이다.

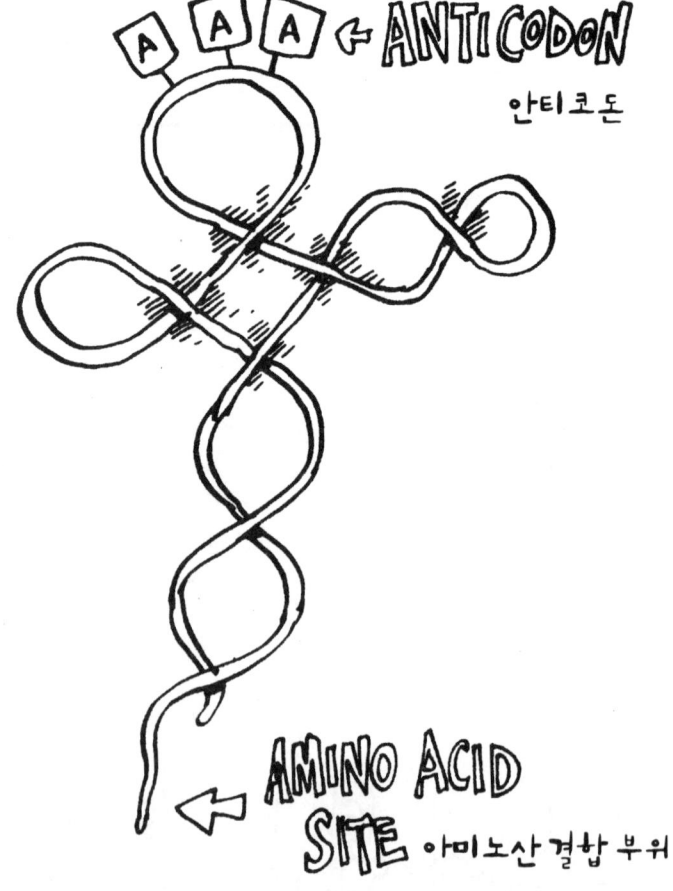

각각의 안티코돈을 인식해서 적당한 아미노산을 tRNA에 붙여주는 독특한 효소가 있다.

tRNA와 아미노산이 연결되면, 안티코돈은 mRNA의 상보적인 코돈에 달라붙는다.

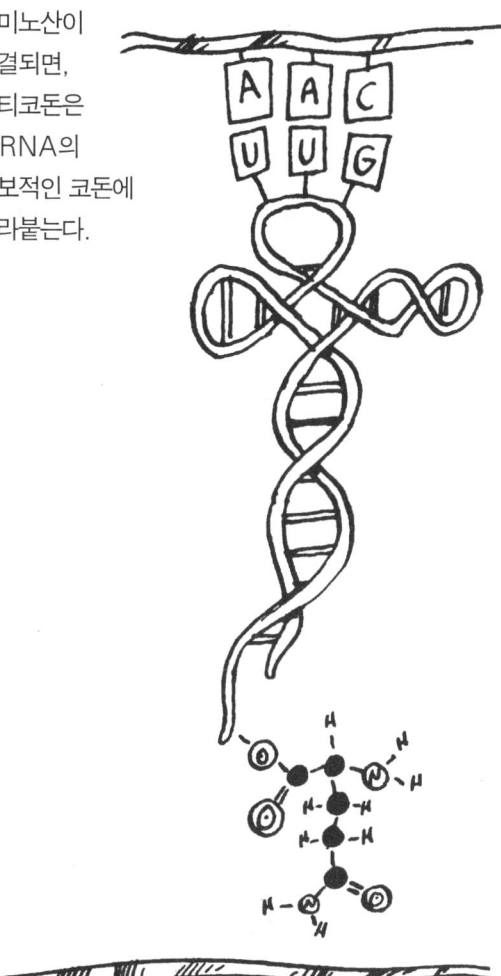

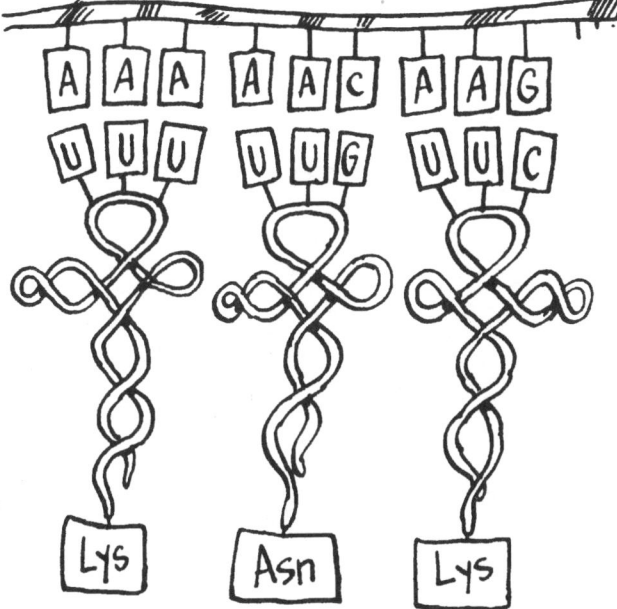

대략 이런 식으로 해서 한 개의 염기 가닥이 아미노산의 배열 순서로 번역되는 것이다. 하지만 그 일을 완료하기 위해서 세포는 한 가지 장치가 더 필요하다. 바로 리보솜이다.

HOW PROTEINS ARE MADE
단백질은 어떻게 만들어지는가

그 마지막 단백질 합성 기구는 모든 것을 제자리에 붙잡아두는 동체이다.

약 50개의 단백질이 RNA로 감싸여 눈사람 모양을 하고 있는 리보솜이다.
리보솜 RNA는 줄여서 rRNA라고 한다.

리보솜은 tRNA 분자가 아늑하게 자리잡을 수 있는 두 개의 홈이 있다.

그럼 단백질을 만들어보자. DNA의 염기 서열을 읽은 mRNA는 수많은 리보솜의 바다로 들어가게 된다.

잠깐 사이에 리보솜 한 개가 mRNA에 달라붙는다.

그 결합 부위는 AUG 코돈, 또는 그 코돈에서 가까운 곳이다.

따라서 AUG는 모든 메시지의 첫번째 단어가 된다.

AUG와 그 다음 코돈은 리보솜의 홈에 자리잡고 있던 상보적인 tRNA들의 안티코돈과 결합한다.

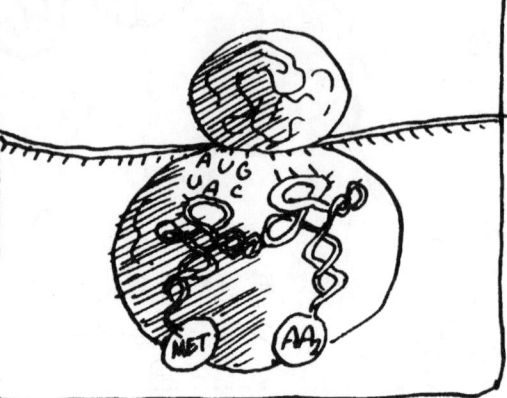
각각의 tRNA는 아미노산(AA)을 한 개씩 달고 있다. 첫번째 아미노산은 언제나 AUG에 해당하는 메티오닌이 된다.

리보솜 내부의 효소가 두 아미노산을 연결해 준다. 그러면 첫번째 tRNA는 어디론가 떠나간다.

그 뒤 리보솜이 세 개의 염기만큼 이동하면

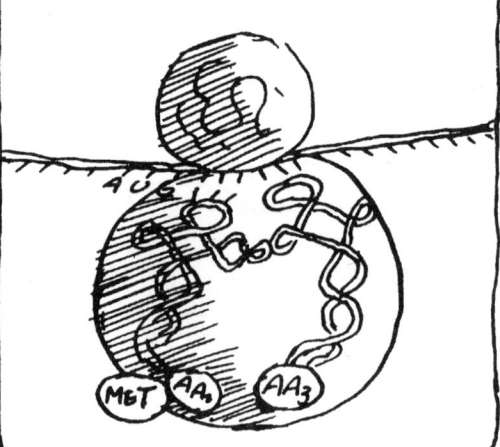
또 하나의 tRNA와 아미노산이 달라붙는다.

아미노산이 다시 연결되면, 빈 tRNA를 버린다. 이렇게 리보솜이 mRNA를 타고 이동해가면서, 점점 더 많은 아미노산들이 모여 단백질 모양으로 돌돌 말린다.

이 과정은 리보솜이 종결 코돈에 도착할 때까지 계속된다.

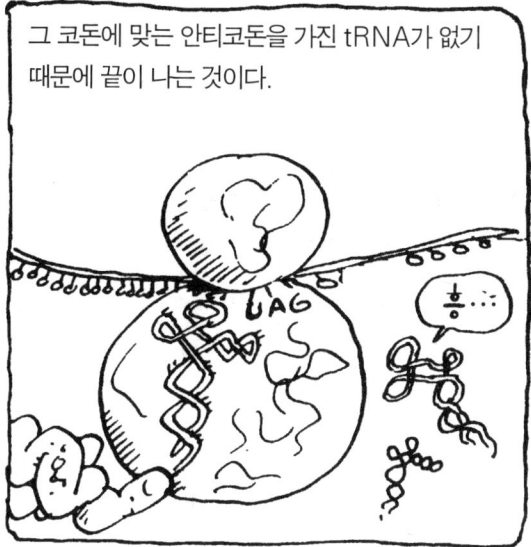
그 코돈에 맞는 안티코돈을 가진 tRNA가 없기 때문에 끝이 나는 것이다.

완성된 단백질은 또 다른 리보솜 효소에 의해 잘려나간다.

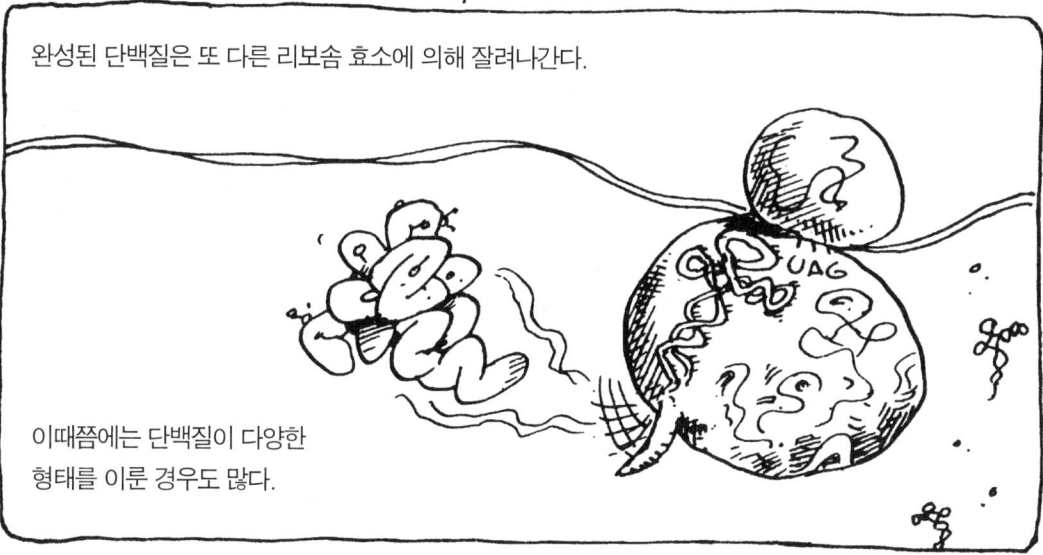

이때쯤에는 단백질이 다양한 형태를 이룬 경우도 많다.

마지막으로 리보솜과 mRNA, tRNA가 분리된다.

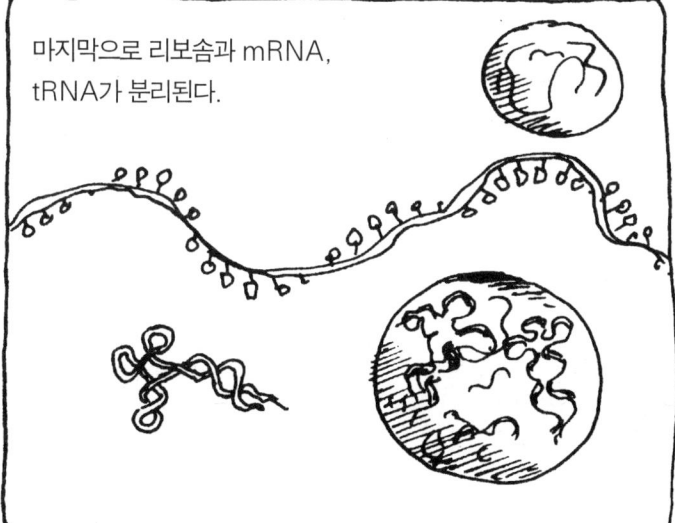

그리고 그 새로운 고분자는 자기가 할 일을 찾아 떠난다. 구조 단백질이나 효소, 아니면 다른 무엇이 되기 위해서.

살아 있는 세포에서는 이 모든 과정이 동시에 진행된다. 대장균을 예로 들면 이런 식이다.

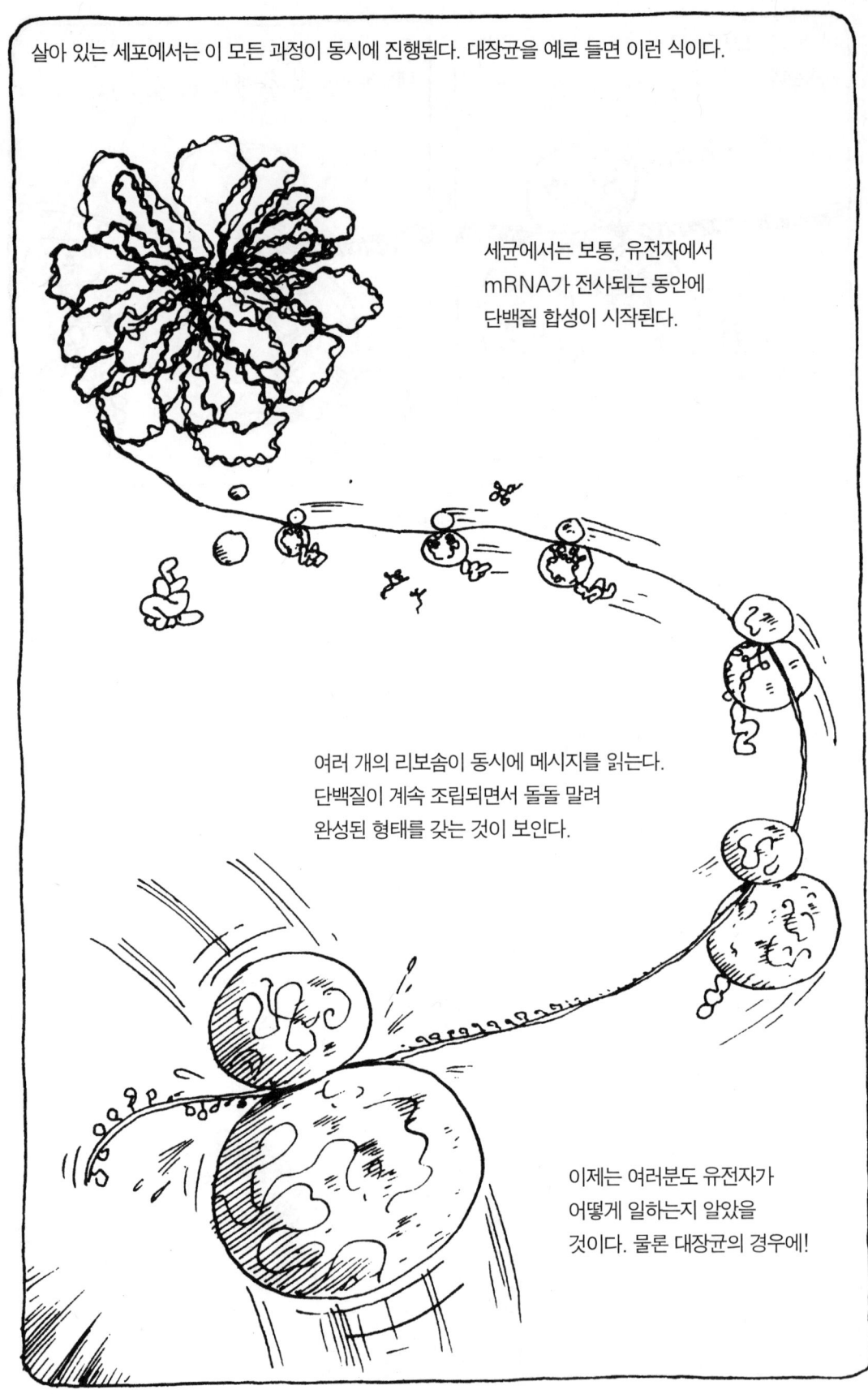

세균에서는 보통, 유전자에서 mRNA가 전사되는 동안에 단백질 합성이 시작된다.

여러 개의 리보솜이 동시에 메시지를 읽는다. 단백질이 계속 조립되면서 돌돌 말려 완성된 형태를 갖는 것이 보인다.

이제는 여러분도 유전자가 어떻게 일하는지 알았을 것이다. 물론 대장균의 경우에!

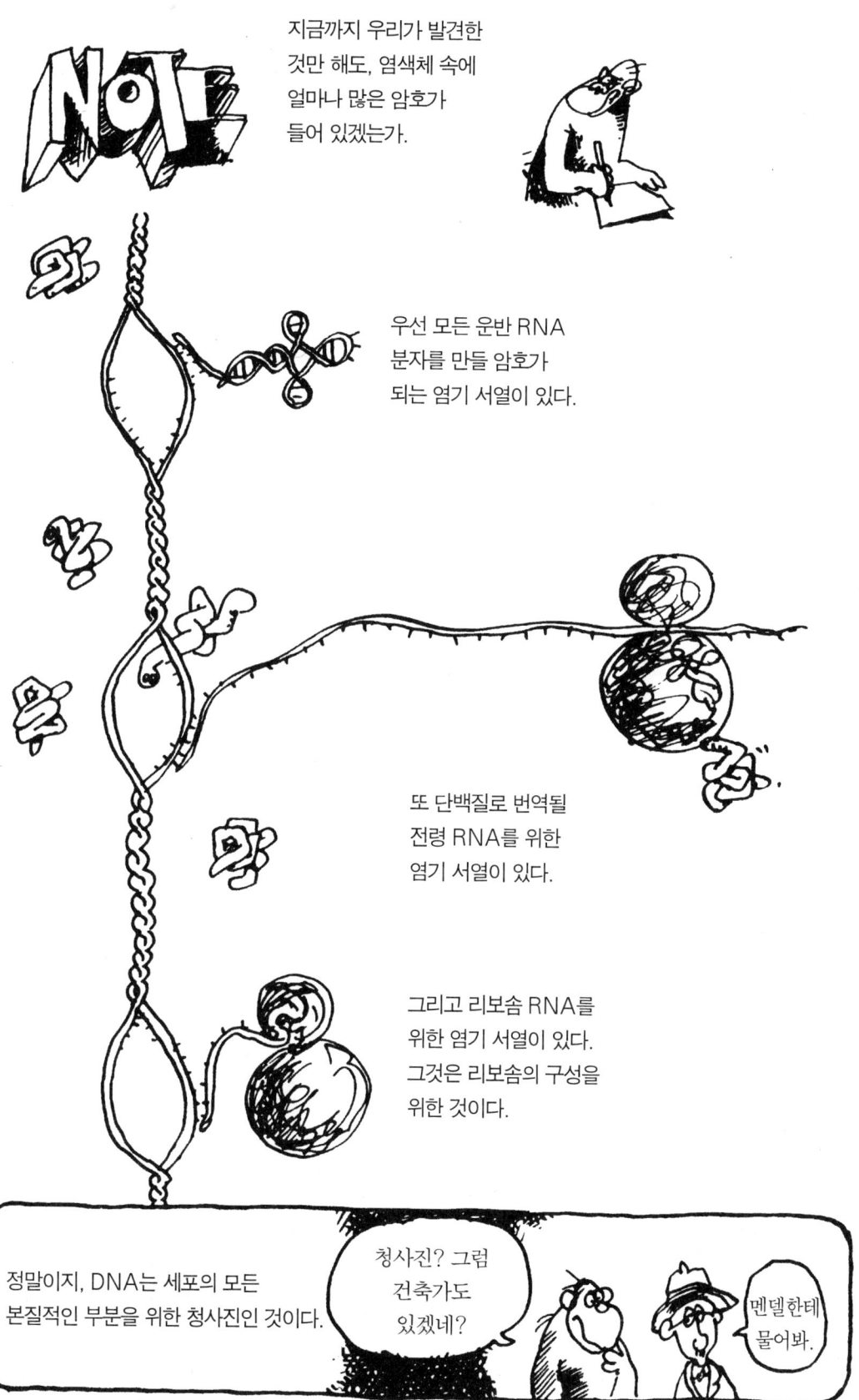

PRO AND EU

원핵과 진핵

우리는 고릴라와 바나나에 대한 질문에서 시작해서, 눈에 보이지도 않는 미물인 대장균 이야기에서 끝을 맺었다. 그럼 이제부터는 다른 생물들에 대해 생각해보자.

우선 몇 개의 용어를 알아야 한다. 식물과 동물 같은 고등한 생물의 세포(실은 핵을 가진 모든 세포를 말하지만)를 진핵 세포라고 한다. 진짜 핵을 가졌다는 것이다.

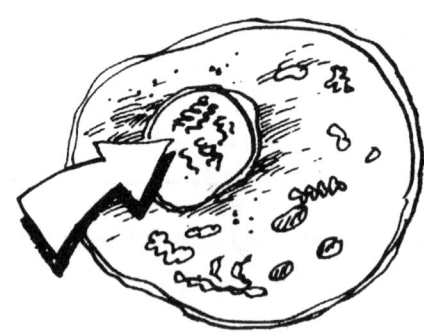

진핵 세포는 모든 세포 기관이 있지만, 가장 중요한 것은 염색체를 담고 있는 핵이다.

이보다 단순한 구조로 된 세균들을 원핵 생물이라고 한다. 원시적인 핵을 가졌다는 뜻이다.

이는 결국 원핵 세포가 복잡한 진핵 세포로 진화했을 것이라는 이야기가 된다.

진핵 생물과 원핵 생물이 가진 기본적인 유전의 도구는 같다.

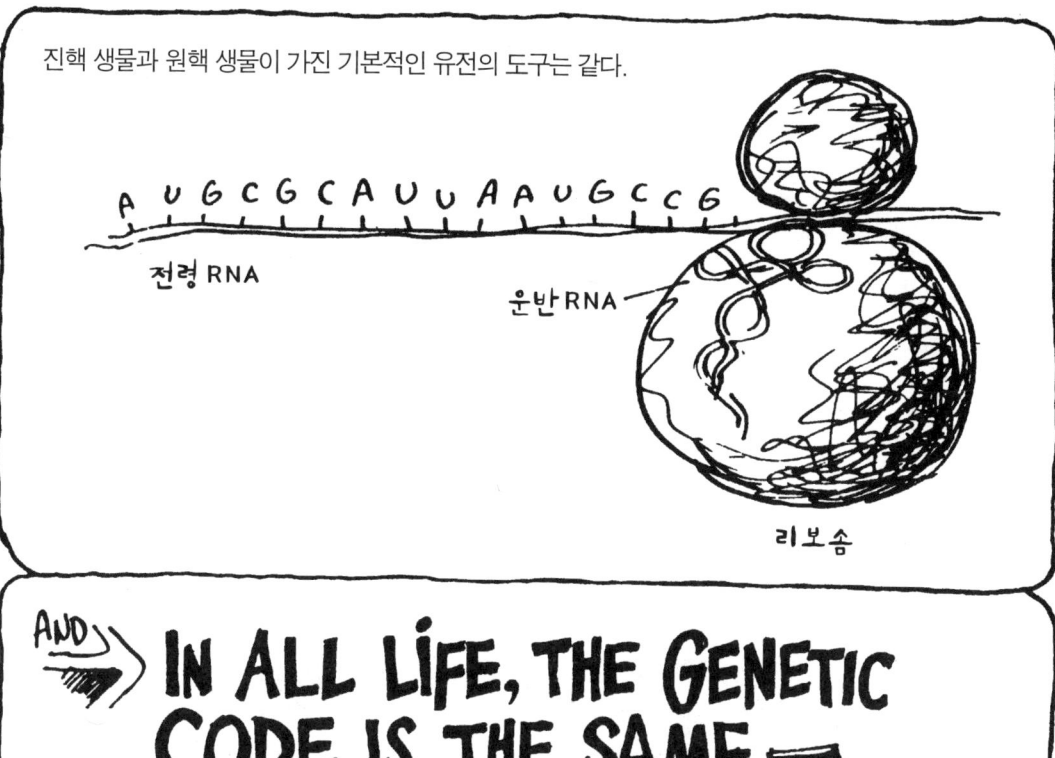

IN ALL LIFE, THE GENETIC CODE IS THE SAME —

모든 생물은 똑같은 유전 암호를 갖는다

이 사실은 우리 모두가 같은 조상에서 비롯되었음을 강력하게 시사한다.

하지만 원핵 생물과 진핵 생물 사이에는 커다란 차이점이 있다. 우선, 진핵 세포는 모든 리보솜을 핵의 외부에 갖는다. 핵막이 리보솜과 유전자를 차단하고 있는 것이다.

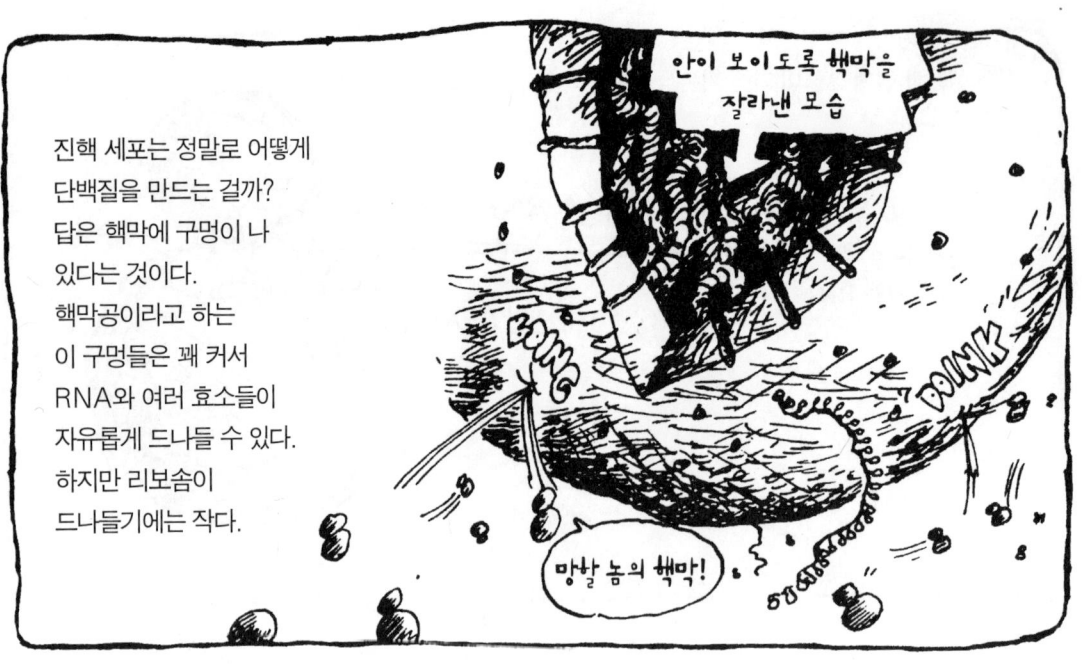

진핵 세포는 정말로 어떻게 단백질을 만드는 걸까? 답은 핵막에 구멍이 나 있다는 것이다. 핵막공이라고 하는 이 구멍들은 꽤 커서 RNA와 여러 효소들이 자유롭게 드나들 수 있다. 하지만 리보솜이 드나들기에는 작다.

핵 속에서 mRNA가 만들어지는 것은 세균과 같다. 하지만 그 뒤부터는 다르다.

시작 부분에는 대개 변형되고 뒤집어진 구아닌 '모자'가 추가된다. 반대쪽 끝에는 아데닌 뉴클레오티드들이 일렬로 늘어서서 폴리A 꼬리를 만든다. 이것의 길이는 수백 뉴클레오티드에 이르기도 한다.

진핵 생물 mRNA의 이런 염기 서열이 어떤 기능을 하는지는 아직 알려지지 않았다.

그 뒤의 움직임은 유전학자들을 깜짝 놀라게 했다. 어떤 단백질과 RNA의 복합체가 mRNA를 붙잡아서 이런 고리 모양을 만든 것이다.

그 뒤 스플리스오솜이라는 이 복합체는 고리 부분을 잘라내버리고는, 남은 조각들을 이어주고 떠나갔다.

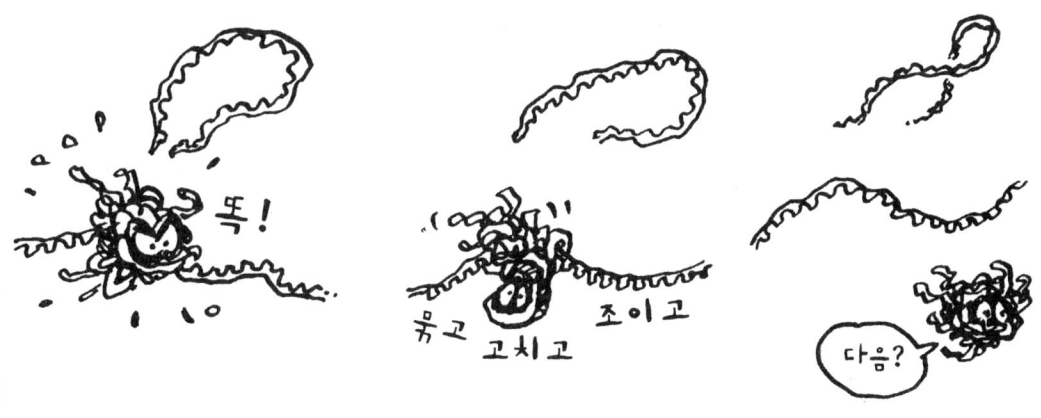

기이한 일이다. 진핵 생물의 유전자는 '정크 DNA'를 가진 것이다. 유전자가 발현되기 전에 잘라내야만 하는 유전 암호가 들어 있지 않은 염기 서열을 말한다.

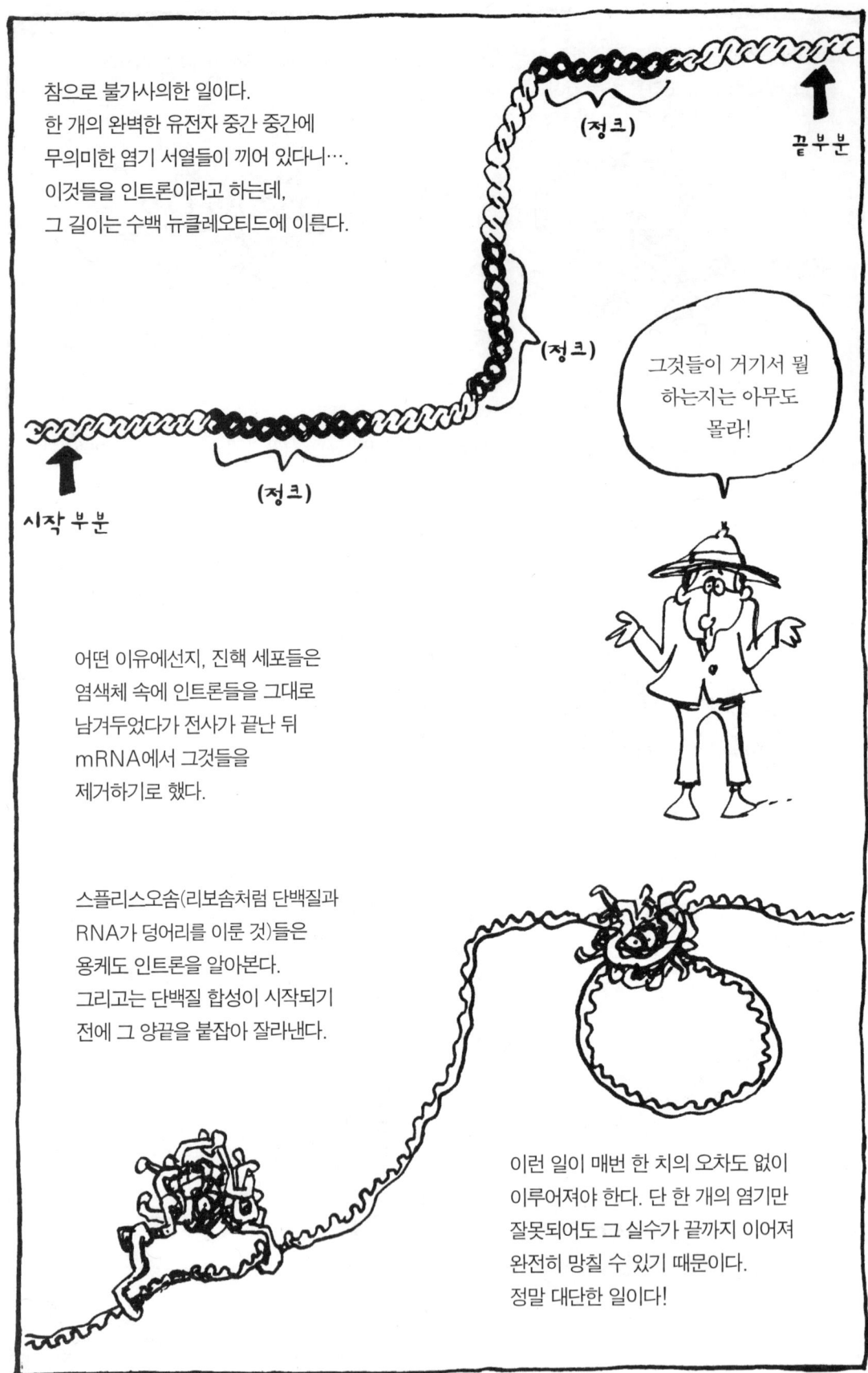

지금까지의 일은 모두 핵 속에서 일어났다. 이제 전령은 모자 쓰고, 꼬리 달고, 불필요한 부분도 쳐내고, 떠날 채비를 했다.

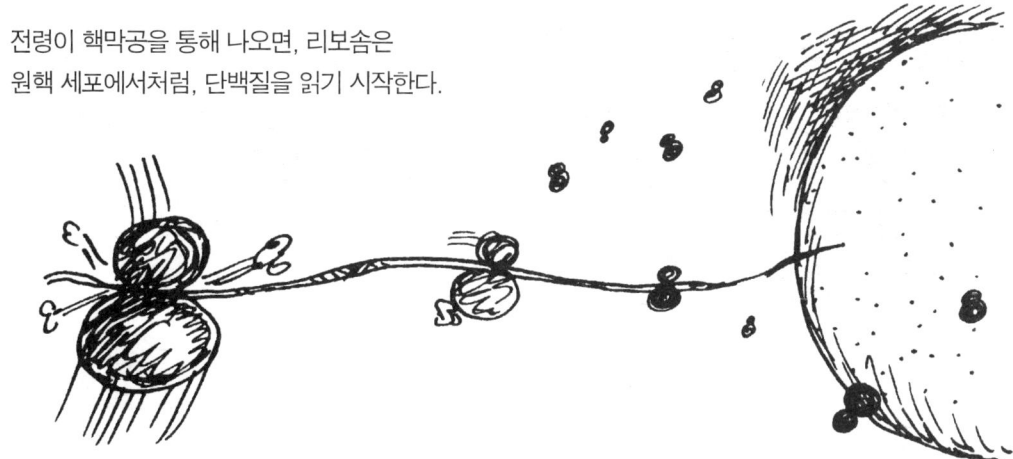

전령이 핵막공을 통해 나오면, 리보솜은 원핵 세포에서처럼, 단백질을 읽기 시작한다.

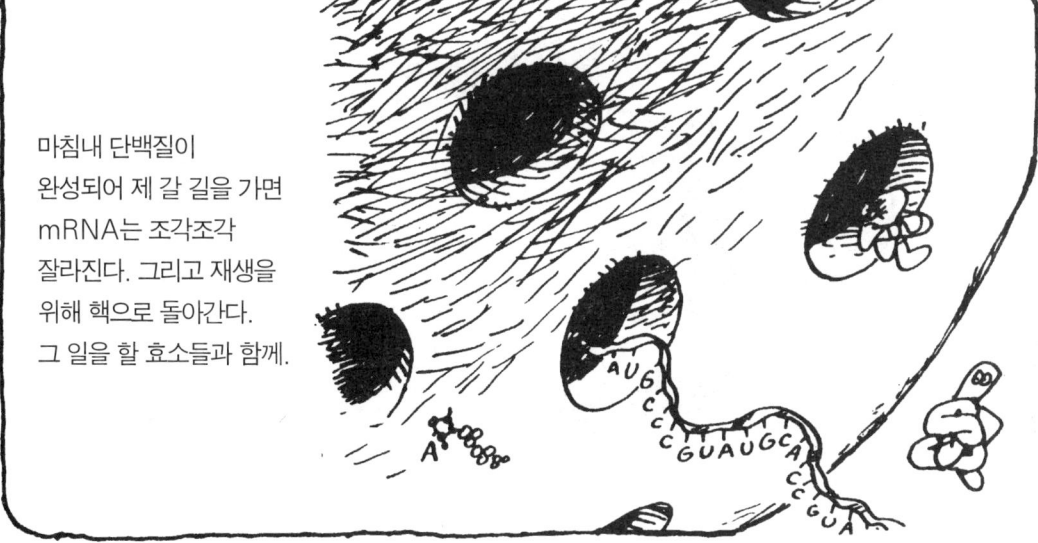

마침내 단백질이 완성되어 제 갈 길을 가면 mRNA는 조각조각 잘라진다. 그리고 재생을 위해 핵으로 돌아간다. 그 일을 할 효소들과 함께.

ANOTHER
또 한 가지

진핵 세포와 원핵 세포의 차이점이 있다. 보유 유전자의 수이다. 사람은 20만 개의 유전자를 갖지만 대장균은 4,000개를 갖는다.

그 많은 양을 정리하기 위해서, 진핵 세포는 단백질로 된 실감개에 DNA를 감고 있다. 이 실감개(정확하게는 뉴클레오솜 코어)는 몇 개의 단백질이 결합한 것이다.

각각의 뉴클레오솜 코어에는 DNA가 두 바퀴 감길 수 있는 홈이 있다.

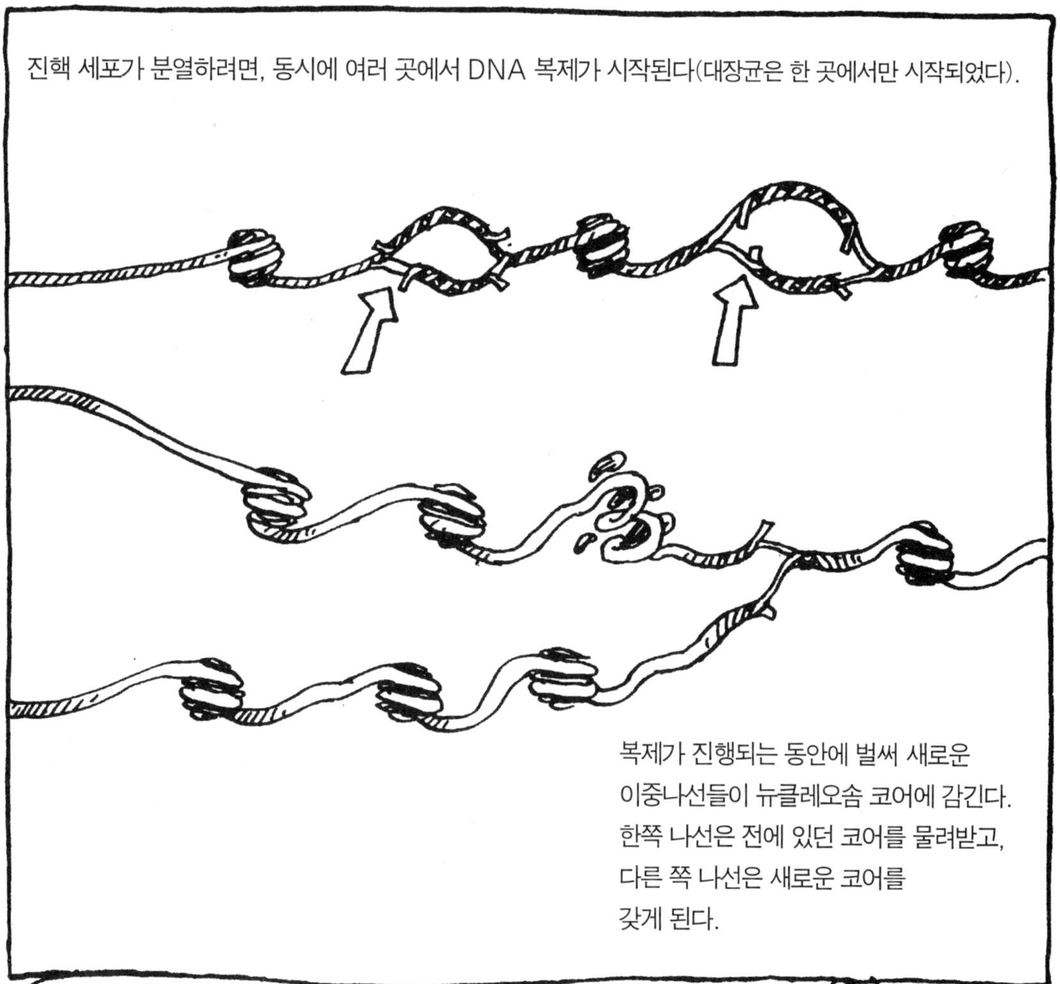

진핵 세포가 분열하려면, 동시에 여러 곳에서 DNA 복제가 시작된다(대장균은 한 곳에서만 시작되었다).

복제가 진행되는 동안에 벌써 새로운 이중나선들이 뉴클레오솜 코어에 감긴다. 한쪽 나선은 전에 있던 코어를 물려받고, 다른 쪽 나선은 새로운 코어를 갖게 된다.

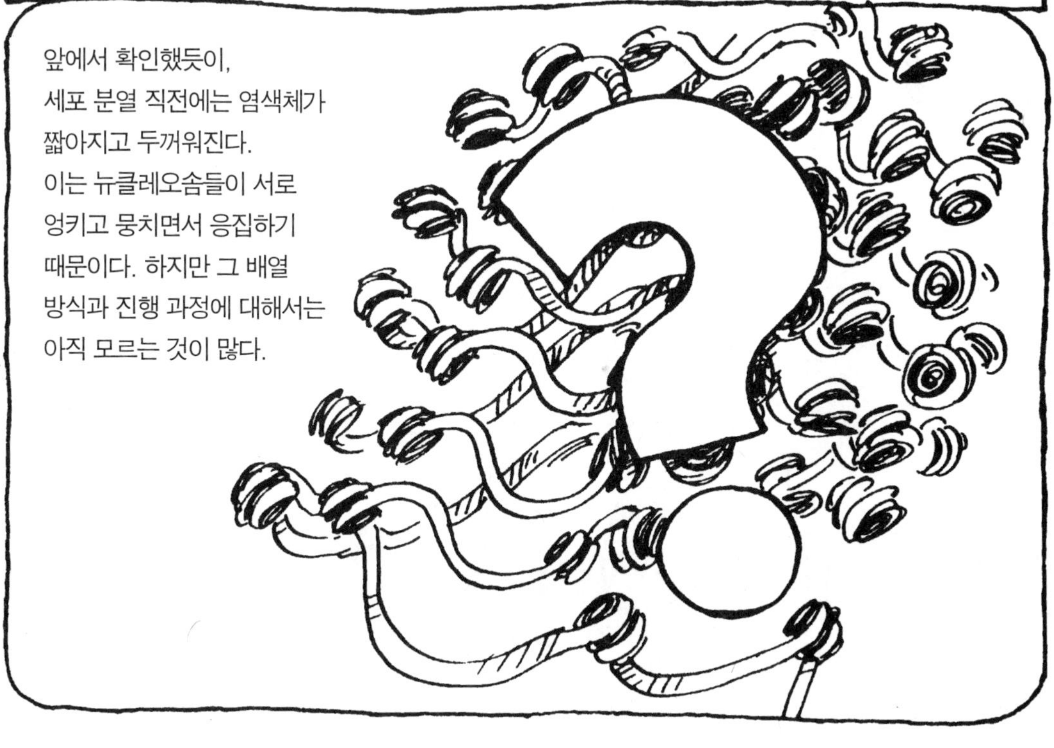

앞에서 확인했듯이, 세포 분열 직전에는 염색체가 짧아지고 두꺼워진다. 이는 뉴클레오솜들이 서로 엉키고 뭉치면서 응집하기 때문이다. 하지만 그 배열 방식과 진행 과정에 대해서는 아직 모르는 것이 많다.

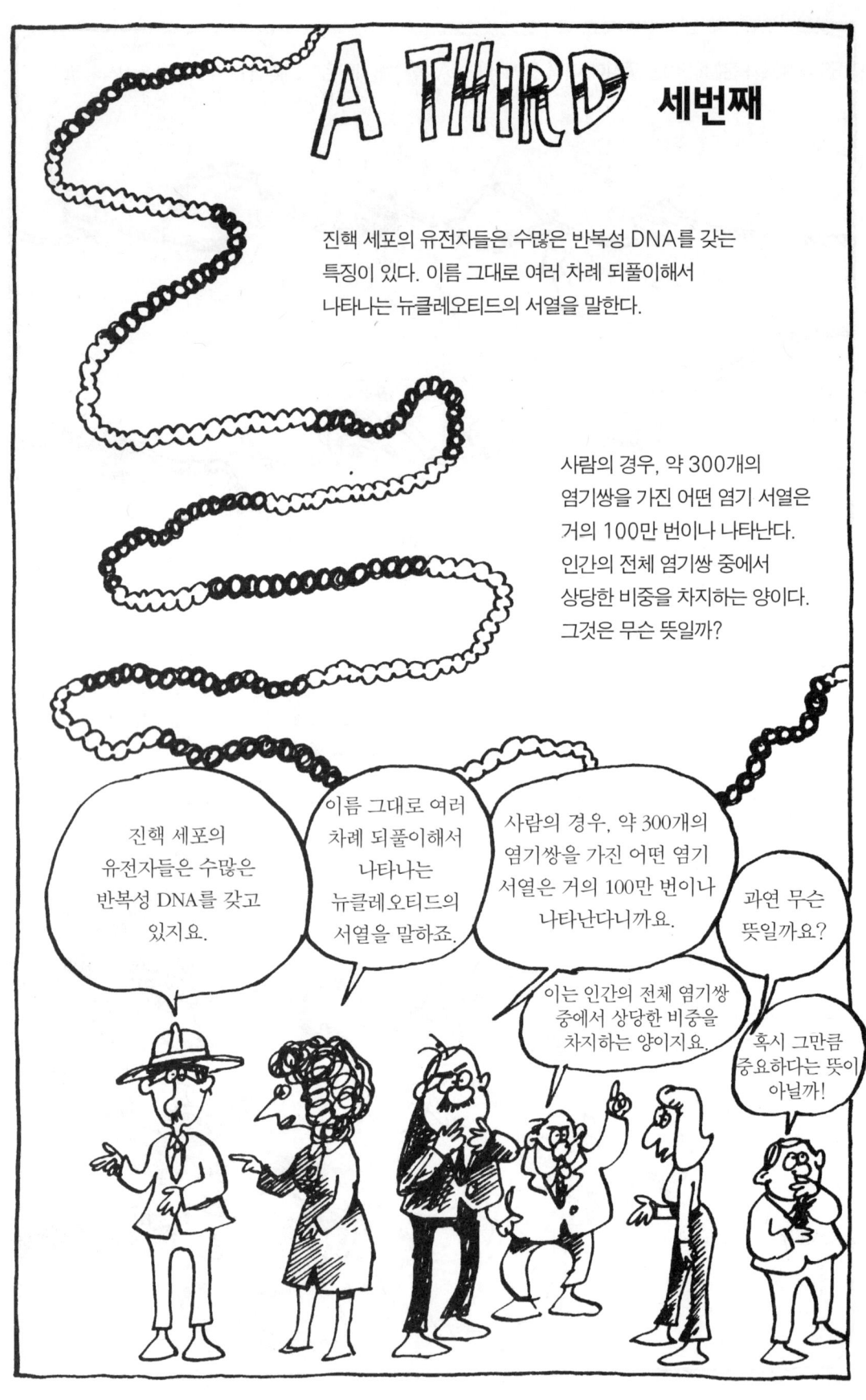

하나의 가능성은 그것들이
바이러스에서 왔다는 것이다.

VIRUSES
바이러스

바이러스는 지금까지 알려진 가장 단순한 생물이다. 물론 그것들이 정말 생물이라고 할 때의 이야기다. 바이러스는 어떻게 보면 살아 있고, 또 어떻게 보면 살아 있지 않으니까….

옛날 생물 선생님이 생각나는군!

세균보다도 훨씬 더 단순하고 작은 바이러스는 두 부분만으로 되어 있다. 한 조각의 핵산과 그것을 감싸고 있는 단백질막이 그것이다.

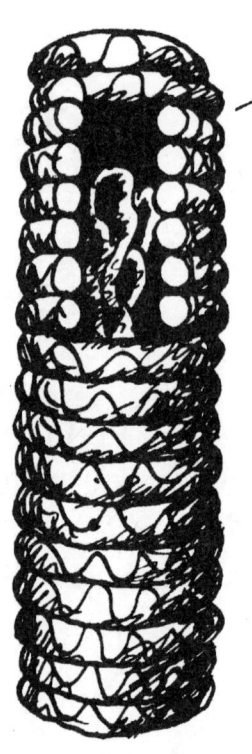

단백질막을 잘라낸 모습

바이러스의 핵산(DNA일 수도, RNA일 수도 있다)은 단백질막, 그리고 복제에 필요한 몇 가지 효소를 위한 유전 암호를 갖는다.

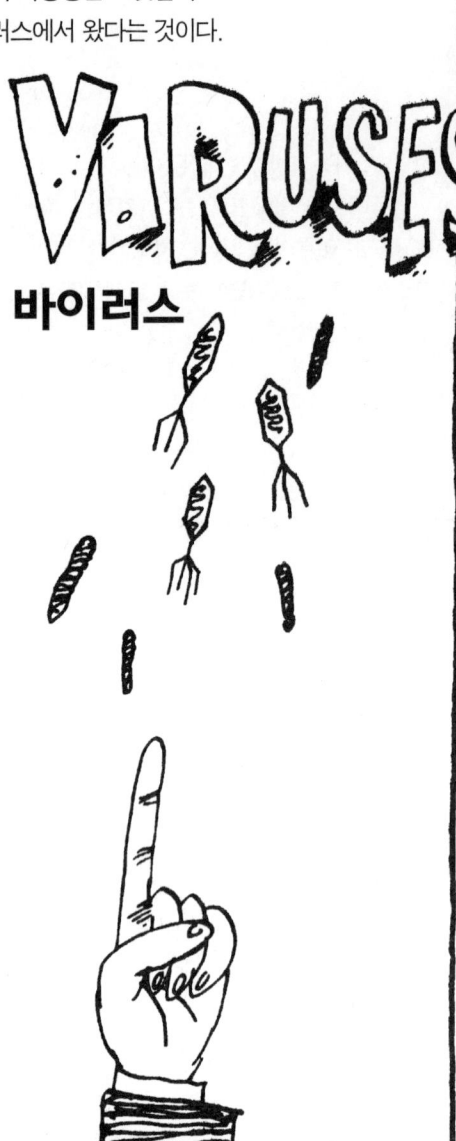

하지만 바이러스 혼자서는 생식을 할 수 없다. 리보솜 같은 단백질 제조 장비가 없기 때문이다. 바이러스는 오직 기생체로만 살 수 있다. 숙주의 세포에 침입해서 그 리보솜과 효소, 에너지 등을 물려받는 것이다.

바이러스가 세균에 달라붙어서 자기 DNA를 주사한다.

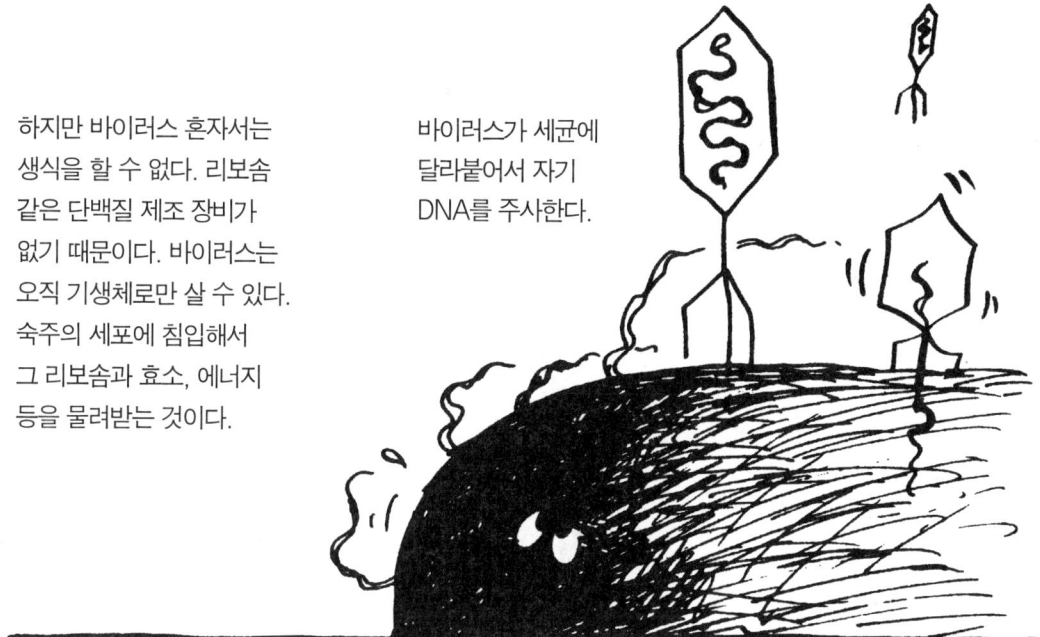

자신의 DNA나 RNA를 숙주 속에 집어넣은 바이러스는, 광포하게 증식하기 시작해서 숙주 세포를 파괴하고 밖으로 쏟아져나온다.

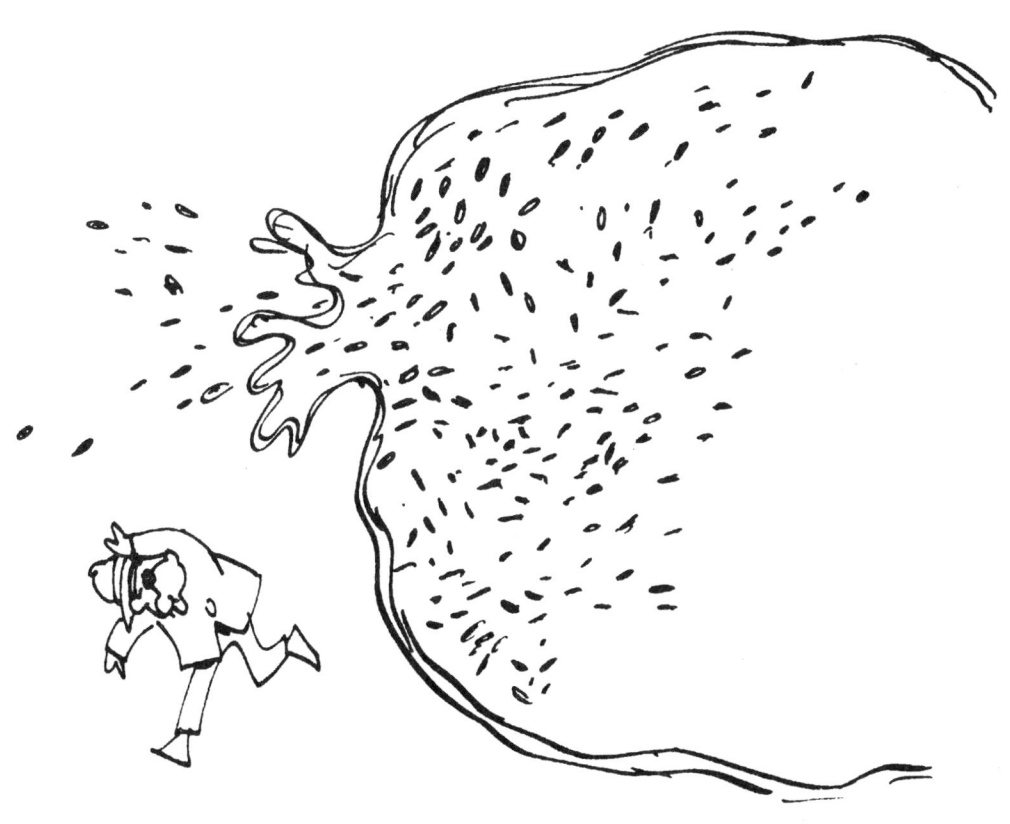

앞의 이야기가 전형적인 바이러스의 생활사이지만, 어떤 것들은 훨씬 더 비열한 짓을 한다. 자기 유전자를 숙주 세포의 DNA에 살짝 끼워넣는 것이다.

레트로바이러스라는 RNA 바이러스는, DNA가 자기 RNA를 복제하도록 해서 숙주의 염색체에 그 바이러스를 이어 붙이는 효소의 암호를 갖고 있다.

일부 바이러스성 전염병이 치료가 되지 않는 것은 바로 이런 이유 때문이다. 그 바이러스의 유전자들을 제거할 수가 없는 것이다. 어쩌면 여러분의 염색체도 지금 더 많은 바이러스를 만들어내도록 명령하고 있을지도 모른다! 후천성면역결핍증, 즉 AIDS의 바이러스가 이와 같다.

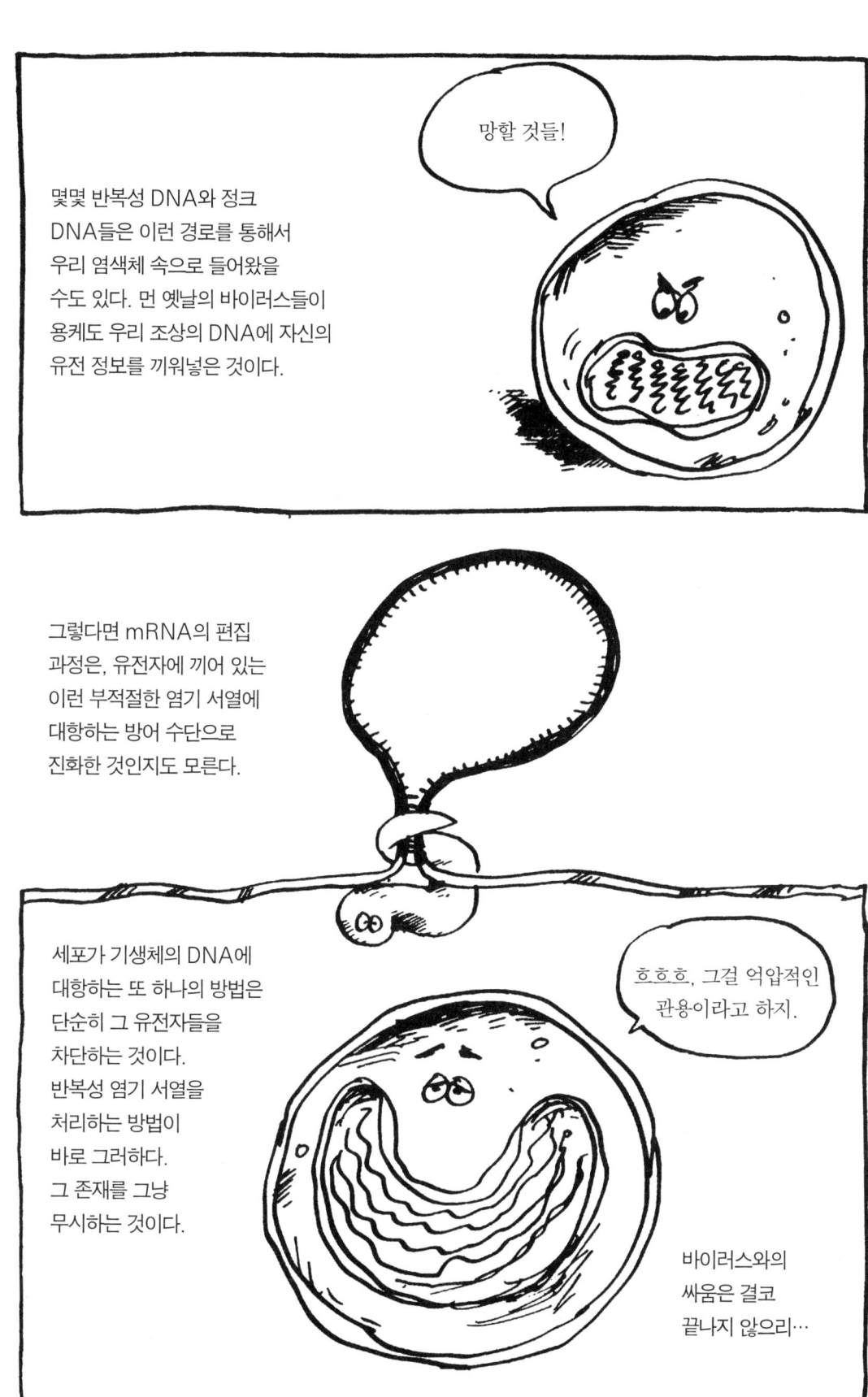

Mutation & Dominance
돌연변이와 우성

유전자가 어떤 것인지 알았으니, 이제 우리는 돌연변이와 우성에 대해 더 잘 이해하게 되었다. 어느 한 유전자의 돌연변이는 DNA의 염기 서열에 변화가 일어난 것이다. 그런데 한 염기의 실수가 심대한 문제를 일으킬 수도 있다. 사소한 것 같지만 심각한 재앙을 일으키는 돌연변이가 되기도 한다. 사건은 혈액 속에서 산소를 운반하는 단백질, 헤모글로빈의 유전자에서 시작된다.

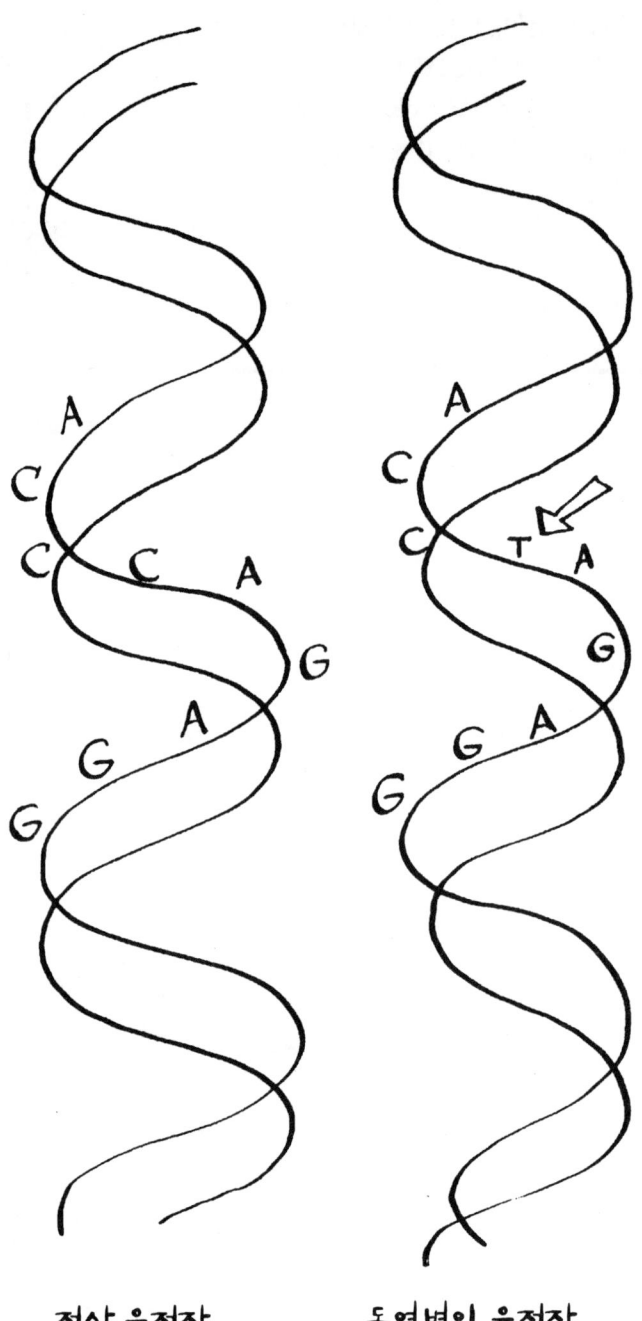

정상 유전자   **돌연변이 유전자**

문제가 심각한 것은 물론 그 유전자가 책임진 단백질에 변이가 반영되기 때문이다. 우선 mRNA가 잘못된다. 그러면 단백질은…

단백질 합성을 이렇게 갑자기 중단시키는 돌연변이는 지중해 빈혈이라고 하는 심각한 문제를 일으킨다. 헤모글로빈을 제대로 만들 수 없기 때문이다. 이 병에 걸린 환자는 산소 부족으로 커다란 고통을 받게 된다.

때로는 변화가 있어도 아무런 영향을 미치지 않을 수 있다. 유전 암호 일람표를 다시 떠올려보면, 동의어가 있었다는 것이 생각날 것이다. 한 아미노산의 암호가 서로 다른 몇 개의 코돈이 될 수도 있다.

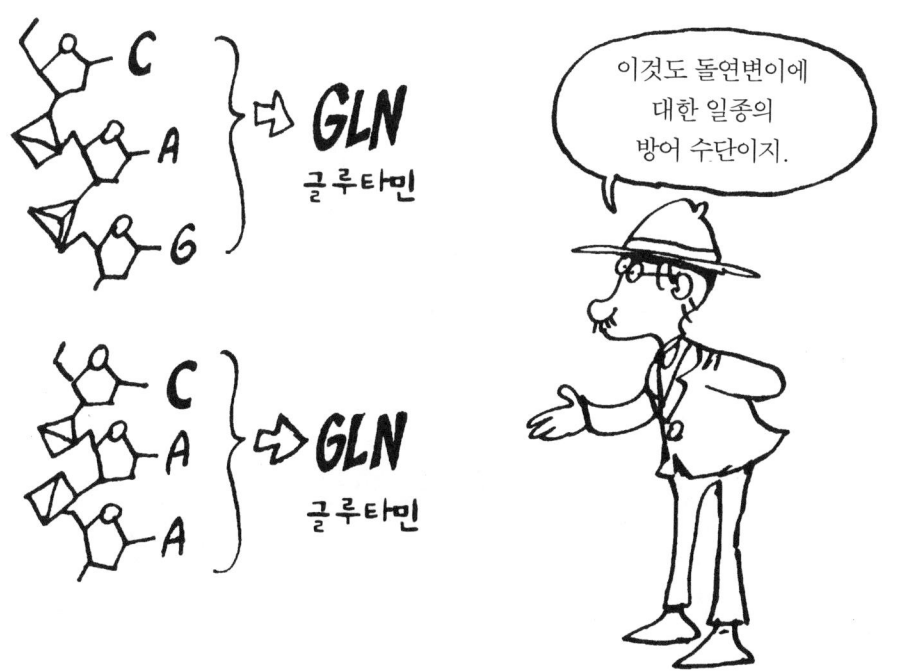

때로는 실수로 들어간 아미노산이 그런대로 잘 들어맞는 때도 있다.

또 아주 드물기는 하지만, 그 단백질의 기능이 전보다 더 좋아질 수도 있다.

하지만 대부분 돌연변이는 단백질을 망쳐놓는다. 어떤 것을 개선하기보다는 망쳐 놓기가 쉬운 법이니까. 의심스러우면, 아무 가전제품이든 가져다가 닥치는 대로 두들겨 보시라!

앞에서도 말했듯이,
대부분의 돌연변이는 열성이다.
그 이유는 무엇일까?
돌연변이는 보통 어떤 효소나
구조 단백질을 만들 수 없게 한다.
앞에 든 예에서, 돌연변이
유전자는 헤모글로빈을
만들 수 없었다.

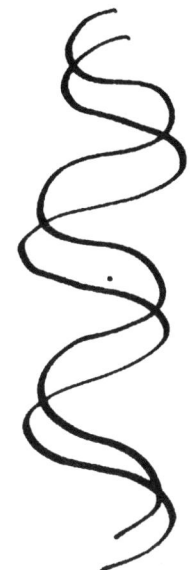

 하지만 우리는 두 벌의
염색체를 갖고 있다.
한쪽에서 문제가
생기더라도 보험을 든
유전자가 계속 효소를
생산하는 것이다.

정상 유전자　　　돌연변이 유전자
　　↓　　　　　　　　↓
　헤모글로빈　　　헤모글로빈 없음

따라서 돌연변이 유전자를 두 개 가진
불운한 사람만이 지중해 빈혈에 걸린다.

유전 보험이 효력을 잃을 수 있으니, 의료 보험에는 반드시 가입을 해야 합니다!

지금까지는 이야기하지 않았지만,
어떤 대립 유전자들은 공동 우성이다.
헤테로가 양쪽의 표현형을
모두 갖는다는 뜻이다.
그 한 예가 혈액형이다.

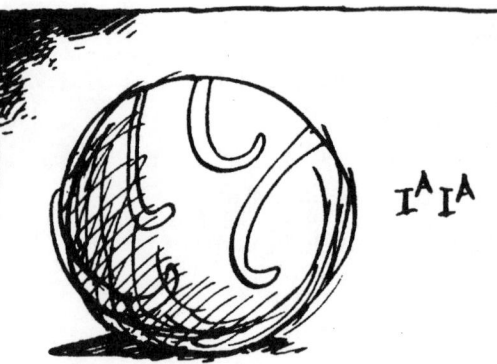

어떤 사람의 유전자형이 I^AI^A라면 적혈구의
다당류가 모두 A의 배열을 갖게 된다.
이 경우 혈액형은 A형이다.

호호, 메뉴가 다양해서 좋군!

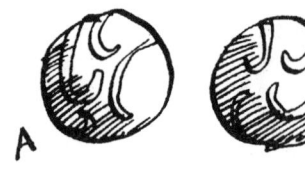

마찬가지로 유전자형이 I^BI^B이면 혈액형은
B형이 된다.

적혈구의 표면에는 다당류가 붙어 있는데
그 배열 순서는 유전적으로 결정된다.
대립 유전자 I^A는 A의 배열을 만들고,
대립 유전자 I^B는 B의 배열을 만든다.

이에 대해 I^AI^B의 유전자형은 두 가지 다당류를
만들고, 따라서 혈액형은 AB형이 된다.

마지막으로 대립 유전자
I^O는 다당류를 만들지
않는다. 열성인 I^O의
혈액형은 O형이다.

적혈구는 골수의 세포로 일생을 시작한다. 이때에는 완전한 진핵 세포로 헤모글로빈을 갖지 않는다.

혈구는 또한 생명체가 공통적으로 갖고 있는 한 가지 사실을 보여준다. 한 종류의 세포가 다른 종류의 세포로 변할 수 있다는 것이다.

어느 순간 골수 세포는 변하기 시작한다. 무엇보다 중요한 건 헤모글로빈을 만들기 시작한다는 것이다.

마침내 헤모글로빈은 완전한 적혈구가 된다.

유전과 관련해서 볼 때 헤모글로빈의 유전자는 항상 존재하지만, 언제나 발현되는 것은 아니다. 이 문제는 우리가 해결해야 할 과제로 남아 있다.

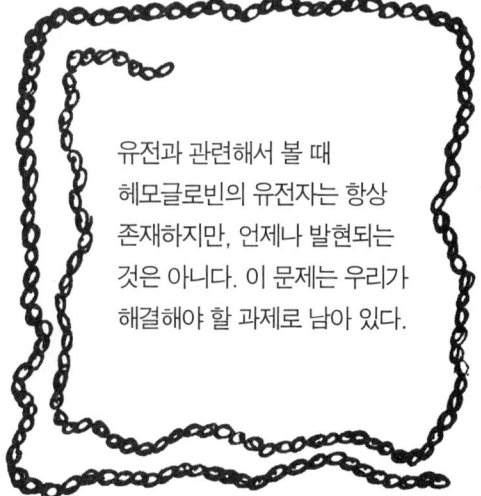

형질 발현의 조절

모든 고등 생물의 몸은 여러 가지 세포의 전시장을 방불케 한다. 신경 세포, 혈구, 근육, 피부, 눈, 림프구… 기타 등등.

그러나
많은 차이가
있다 해도 이 세포들은
모두 똑같은 유전자를
갖는다.* 세포들은
염색체를 복제하는
체세포 분열 과정을
거쳐, 단 하나의
수정란에서
생겨나기 때문이다.

* 늘 그렇듯이, 예외는 있다!

확실히 서로 다른 유전자들은 서로 다른 세포들에서 활약상이 드러난다. 그렇다면 모든 세포는 언제, 어느 유전자를 깨우고 잠재울지 결정할 방법을 갖고 있을 것이다.

아니면 이런 무서운 일이 일어난다구!

미천한 세균까지도 유전자의 형질 발현을 조절해야 할 필요가 있다. 먹을 것이 있으면 그것을 소화할 효소들을 만들어야 하고, 아미노산이 부족하면 더 합성해야 한다.

늘 그렇듯이, 이 문제도 대장균을 대상으로 가장 자세한 연구가 이루어졌다.

유전자의 형질 발현 조절을
처음으로 발견한 사람은
프랑스의 자크 모노와
프랑수아 자콥이다.
1950년대 후반, 두 사람은
대장균의 젖당 분해 능력을 조사했다.

젖당이 있을 때
대장균은 Y와 Z*의
두 가지 효소를
생산한다.
Z는 젖당이 있는 곳의
세포벽을 열고, Y는
젖당을 포도당과
갈락토오스로 나누는
일을 한다.

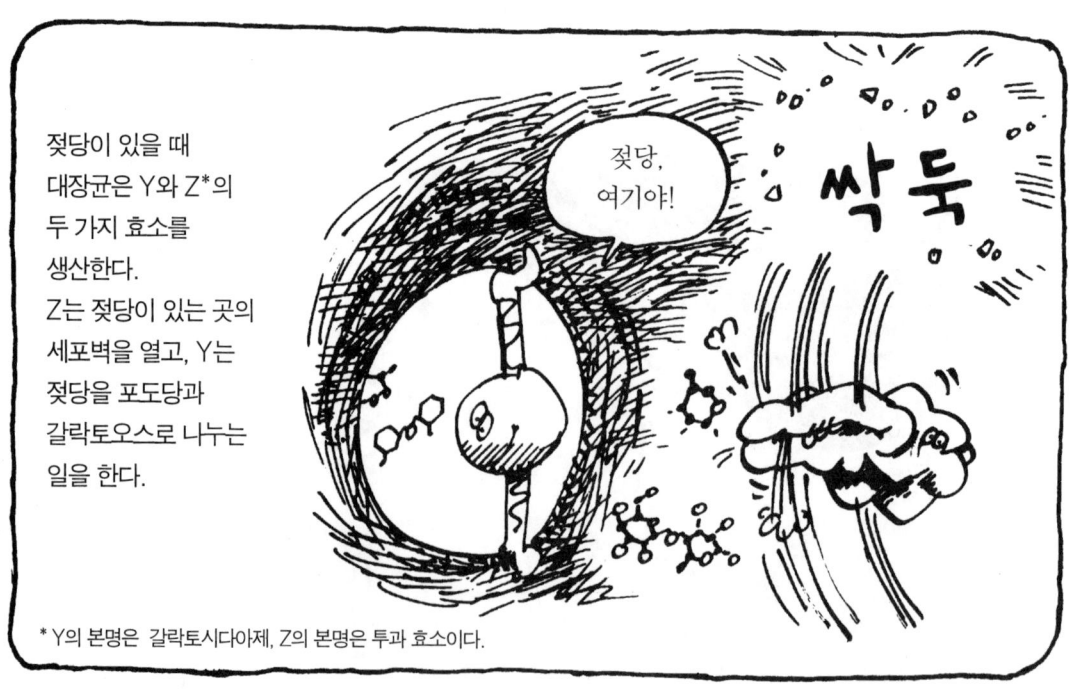

* Y의 본명은 갈락토시다아제, Z의 본명은 투과 효소이다.

자콥과 모노의 실험 내용으로 깊숙이 들어가는 일은 피하겠다. 두 사람이 도출한 주요 결론은 다음과 같다.

이 실험은 신선로 요리보다도 복잡하거든!

우선, 그들은 Y의 유전자인 lacY와 Z의 유전자인 lac Z가 염색체 위에 나란히 놓여 있다는 것을 알게 되었다. 이렇게 서로 관련된 효소들의 유전 암호가 되면서 형질 발현이 함께 조절되는 유전자의 집단을 오페론이라고 한다.

OPERON:

이것이 lac 오페론이다.

오, lac, 위대한 오페론이여!

이제 곧 이 부분에 대한 설명이 나옴!

모든 오페론의 출발점에는 프로모터가 있다. 이것이 lac P이다. RNA 중합 효소가 유전 정보를 mRNA에 전사하기 시작할 때 DNA에 달라붙는 곳이 바로 이 부분이다.

찰칵!

The First 첫번째

조절 방식은 간단하다. 몇몇 프로모터 부위는 다른 곳보다 RNA 중합 효소가 달라붙기 쉽다.

많이 사용되는 효소의 유전자는 중합 효소가 쉽게 전사를 시작하는 프로모터를 갖는다. 반면 적은 양만 필요한 효소의 유전자는 더 어려운 프로모터 부위를 갖는다.

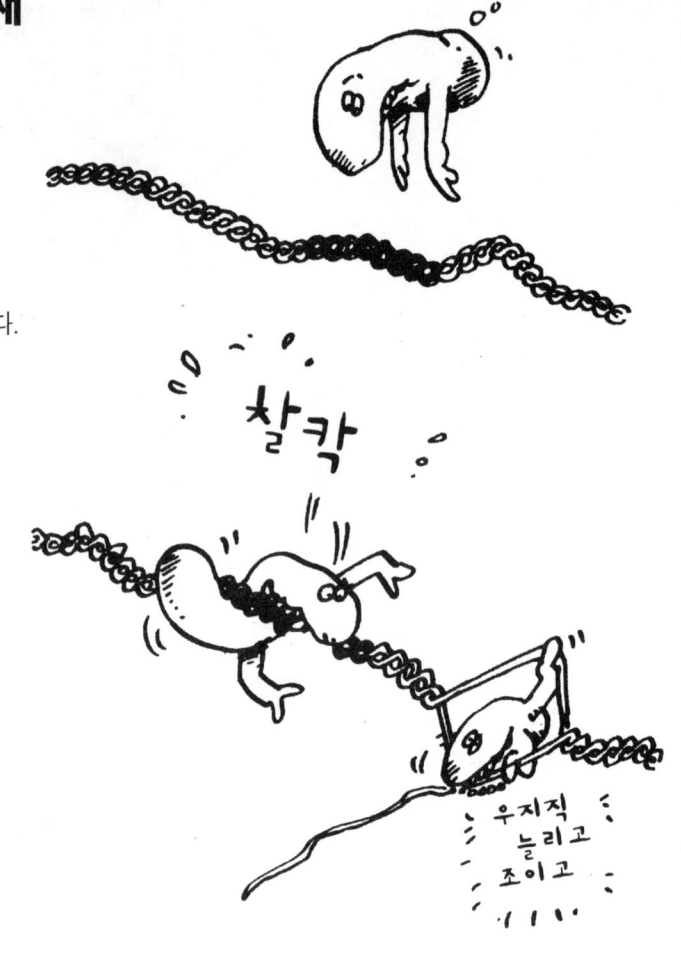

그러면 이따금씩(젖당이 있을 때) 많은 양이 필요하지만, 그렇지 않으면 전혀 필요 없는 젖당의 오페론은 어떨까?

모노와 자콥의 생각은 이랬다.
프로모터와 첫번째 유전자 lac Z
사이의 어떤 지점에 리프레서,
즉 억제 물질이라는 단백질이
들어 있다는 것이다. 이 지점이 바로
작동 부위(오퍼레이터) lac O이다.

억제 물질(모노와
자콥이 직접 관찰하지는
못했음)은 RNA 중합
효소의 작용을 차단하는
것만으로도 전체 오페론을
잠재울 수 있다.

이 억제 물질에는 비밀이 하나 있다. 젖당과도 결합할 수 있다는 것이다.* 그러면 억제 물질이 구부러지면서 DNA에서 떨어져나간다.

DNA와 결합했을 때

젖당과 결합했을 때

* 실은 젖당이 아니고 젖당의 유도 물질이다.

평소에는 작동 부위에 억제 물질이 자리잡고, 형질 발현을 억제한다.

그러다가 조그만 젖당이 와서 억제 물질을 유인한다.

억제 물질은 구부러지면서 젖당을 붙잡고 이 틈을 타서 RNA 중합 효소가 끼어든다.

그 뒤에는 전체적인 오페론이 되풀이해서 발현된다.

새로 생긴 단백질은 더 많은 젖당을 들여와서 분해하고

마침내 젖당이 모두 사라지면, 원래 모습을 되찾은 억제 물질이 염색체의 자기 자리로 돌아간다.

억제 물질은 유도되는 효소를 조절하는 일반적인 방법이라는 것이 밝혀졌다. 유도되는 효소란 젖당 같은 화학 물질에 반응해서 만들어지는 것을 말한다. 하지만 이런 기막힌 착상에도 모노와 자콥은 실제로 억제 물질을 발견할 수는 없었다. 그래서 그것은 이론적 가능성으로만 남아 있었는데….

드디어 1967년, 월터 길버트와 뮐러-힐은 매우 정교한 기술을 이용해 그 붙잡기 힘든 단백질들을 분리할 수 있었다.

그들이 얻은 결과는 억제 물질을 왜 그렇게 찾아내기 힘들었는지 설명해준다. 대장균 한 개에 겨우 다섯 분자에서 열 분자의 lac 억제 물질이 들어 있었던 것이다. 그 뒤 길버트는 훨씬 많은 양의 억제 물질을 생산하는 돌연변이 대장균을 배양하는 데 성공한다.

두번째 형질 발현의 조절 방법은 희석을 이용한 것이다.

ATTENUATION 희석

그건, 내 열한번째 후계자야!

아미노산 히스티딘의 구성에 관여하는 대장균의 오페론이 이 방법으로 조절된다.

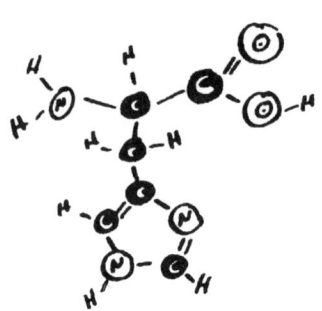

대장균은 이 필수 물질이 고갈되면 아홉 가지 단백질을 생산하는데, 이것들은 히스티딘 분자를 만들어낸다.

자동식 효소식

효소로 된 조립 라인이군!

앞에서와 마찬가지로, 아홉 가지 효소의 유전자들은 하나의 오페론으로 밀집해 있다. 그리고 맨 앞에는 프로모터 부위가 있다. 그런데 lac오페론과 달리, 이 오페론에는 억제 물질을 위한 자리가 없다.

그 대신, 히스티딘이 많이 포함된 펩티드의 정보를 담은 리더 염기들이 있다. 히스티딘은 지금 만들고자 하는 바로 그 물질이다.

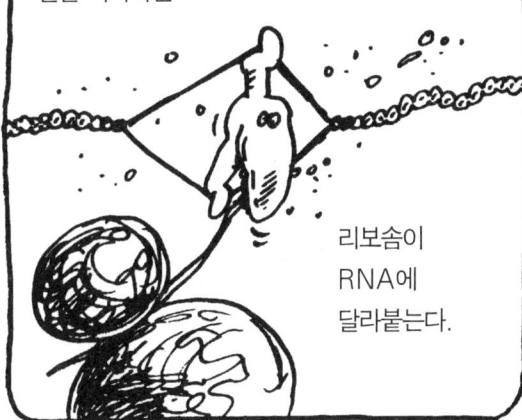

RNA 중합 효소가 그 리더 염기들을 전사해 일을 시작하면

리보솜이 RNA에 달라붙는다.

리더 염기는 잇달아 있는 일곱 개 히스티딘의 암호를 갖고 있다.

주위에 히스티딘이 풍부할 때에는 리보솜이 빨리 움직이면서, mRNA에 고리가 생긴다.

이 고리 때문에 RNA 중합 효소는 오페론에서 떨어져나가고, 아홉 가지 효소의 정보를 읽기도 전에 전사가 정지된다.

반면에 히스티딘이 적으면 리보솜은 RNA 중합 효소에 추월당한다.

이 경우에는 다른 형태의 고리가 생겨서, 처음의 고리를 예방하고 중합 효소가 계속 나아가도록 한다. 그 결과 오페론이 발현된다.

그리고 여기에서 새로 만들어진 단백질들은 히스티딘을 조립하는 일을 한다.

RESULT?

결론

히스티딘이 부족하면 유전자가 발현되고, 히스티딘이 충분하면 발현되지 않는다는 말씀.

멘델이 간단히 스케치하고 후대의 과학자들이 세부를 채워넣은 유전자의 초상은, 때때로 일어나는 돌연변이를 제외하면, 변함 없는 고정된 모습이었다.

그런데 최근의 연구에서는 이동성이 있고 성형이 가능한 유전자들이 발견되었다. 사실, 한 가지 중요한 유전자 조절 방법은 이런 것들에 의존하고 있다. 이름하여….

JUMPING GENES,
도약 유전자

어떤 효소는 특정한 DNA 절편이 획 뒤집어지게 할 수 있다.

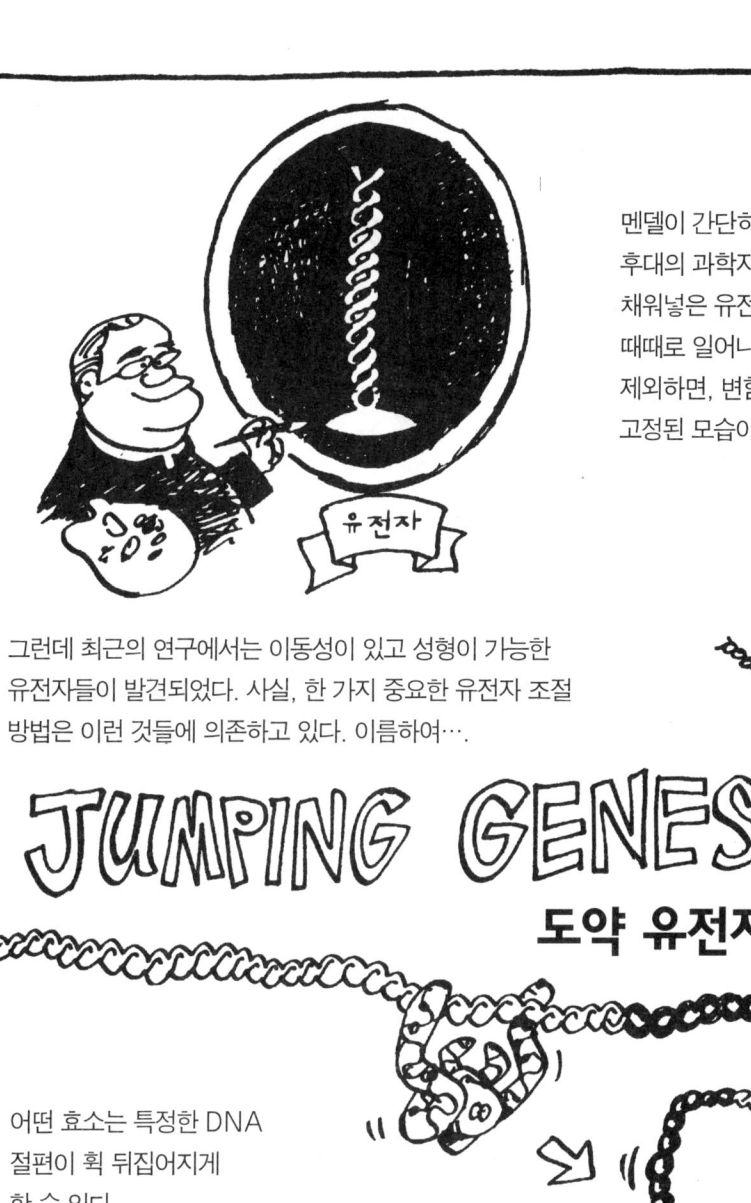

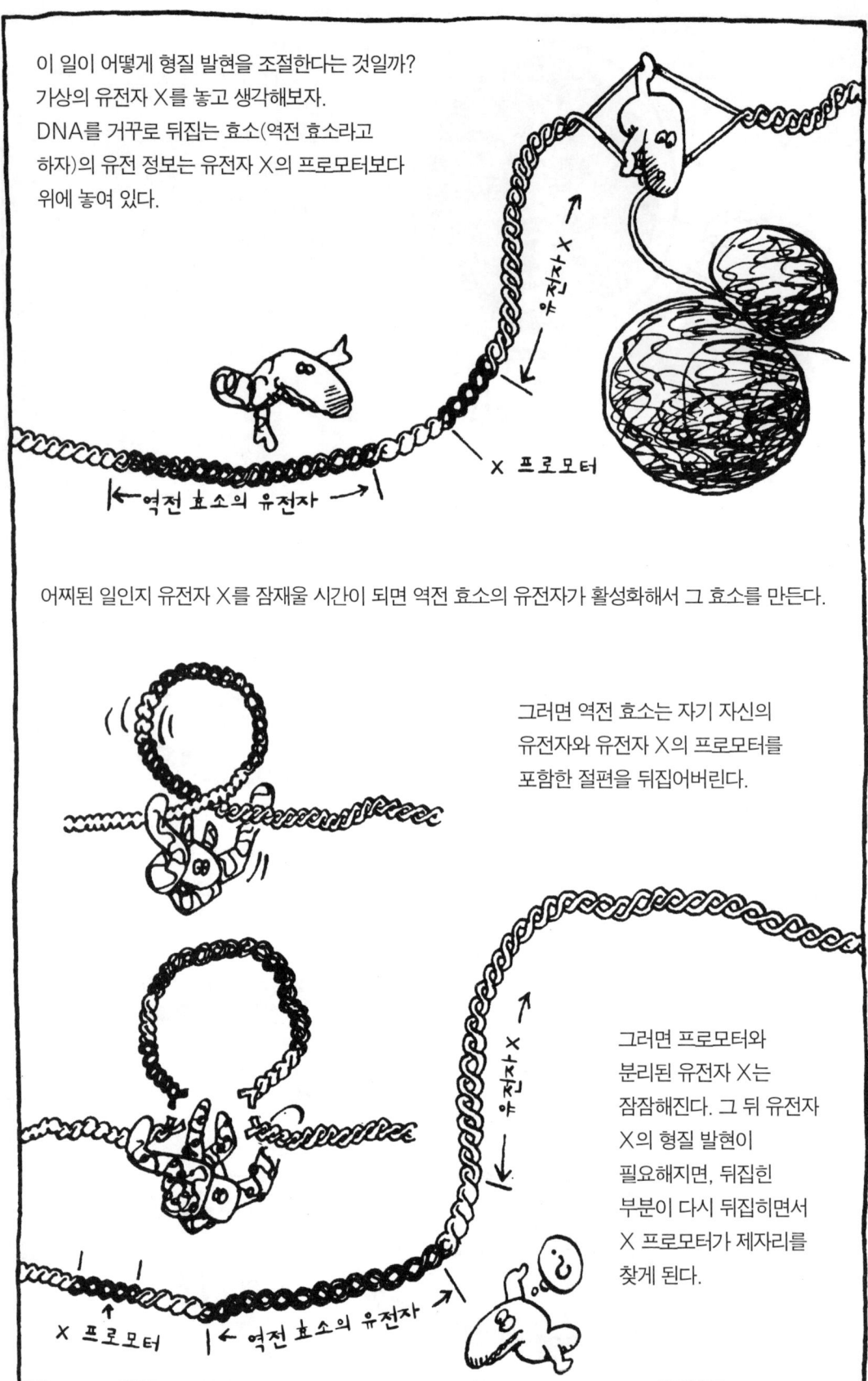

이렇게 움직일 수 있는 부분, 즉 트란스포존은 원핵 생물은 물론 진핵 생물에도 있다. 트란스포존은 뒤집히는 것 말고도, 이 염색체에서 다른 염색체로 뛰어다닐 수 있다. 그러나 뛰어다니면서 벌이는 모든 일들이 밝혀진 것은 아니다.

도약 유전자의 가장 극적인 예가 항체의 암호를 가진 것들이다.

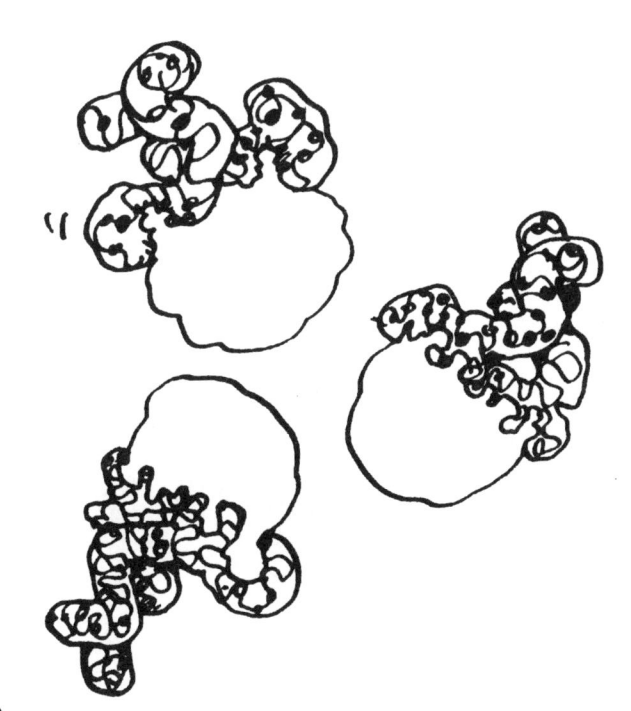

항체는 우리 몸을 지키는 무기가 되는 단백질이다. 이는 세균과 바이러스 그리고 해로운 침입자들을 공격한다. 형성될 수 있는 항체의 종류는 수십억 가지에 이르는데, 항체는 제각기 적의 모양에 딱 맞도록 되어 있다. 어떻게 그렇게 많은 유전 암호가 있는 걸까?

염색체는 항체를 만들기 위한 수십억 개의 유전자를 갖는 대신, 연장통 속에 수백 개의 부분 유전자를 갖는다.

특정한 세포들에서는 이 부분 유전자의 DNA 조각들이 절단되고 재배열된다. 그리고 이렇게 재조합된 것들이 각각 특수한 항체의 유전자로 기능하게 된다.

이런 과정이 어떻게 조절되는지는 아직 수수께끼로 남아 있다. 또 진핵 세포의 형질 발현 조절에 대한 내용도 대부분 베일 저편에 있다. 일례로 헤모글로빈의 문제만 해도 아직 답을 얻지 못했다. 확실한 것이 있다면, 장차 진핵 생물의 탄력적인 유전자들에 대한 활발한 연구가 이루어질 것이라는 점이다.

GENETIC ENGINEERING
유전 공학

살아 있는 세포들만 유전자를 재배열할 수 있는 건 아니야! 이젠 과학자들도 힘이 생겼거든.

지금까지 생물학자들이 알고 있던 그 어떤 것보다도 강력한 힘이지.

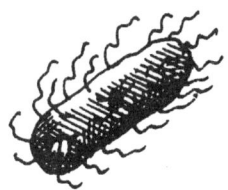

첫째, 사람들은 이제 시험관 속에서 두 조각의 DNA를 꼬아 이을 수 있게 되었다. 마치 영화 필름을 이어 붙이듯이.

흠, 스타 탄생과 워리어즈를 이렇게 붙이면….

스타 워즈가 되는 거야!

이런 결합은 아주 기괴한 것일 수도 있다. 가장 흔한 일이, 사람의 유전자와 대장균의 유전자를 붙이는 것이라니 말이다.

대체 당신 사람이에요, 아니면 세균이에요?

이런 것을 가리켜.

RECOMBINANT DNA 재조합 DNA

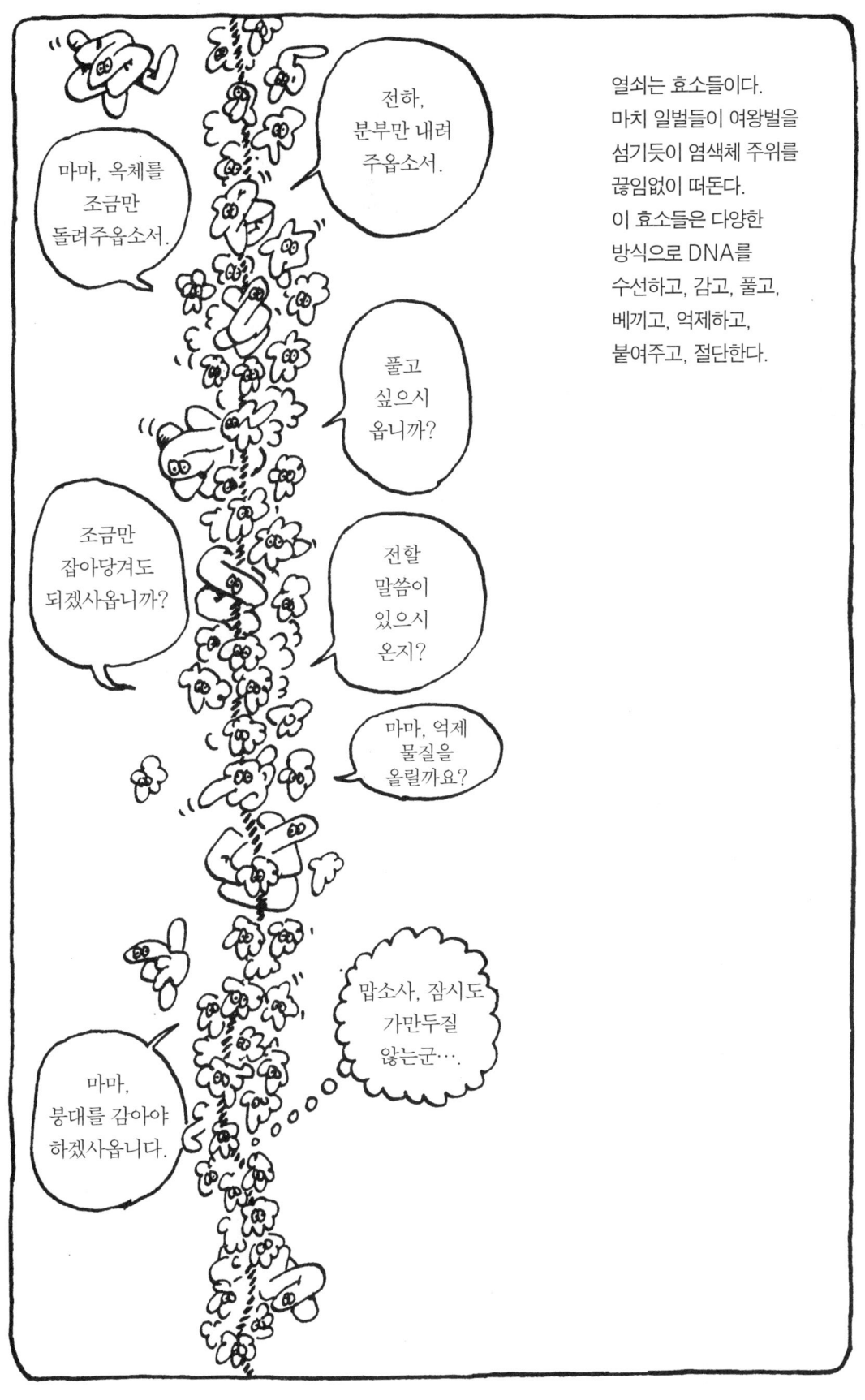

열쇠는 효소들이다. 마치 일벌들이 여왕벌을 섬기듯이 염색체 주위를 끊임없이 떠돈다. 이 효소들은 다양한 방식으로 DNA를 수선하고, 감고, 풀고, 베끼고, 억제하고, 붙여주고, 절단한다.

유전자를 잘라서 잇는 일은 제한 효소라는 특수한 절단 효소 때문에 가능해졌다.

ECO·R1는 한쪽 당-인산 골격을 여기에서 끊고

반대쪽은 여기에서 끊는다.

어떤 제한 효소는 DNA의 특정한 염기 서열에서 '엇갈려 갈라진 틈'을 만든다.

예를 들어 ECO·R1이라는 효소는 다음의 염기 서열만 인식한다.

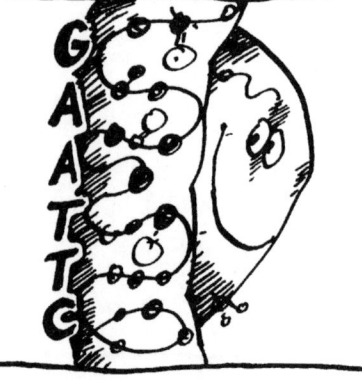

그 결과 똑같이 T-T-A-A의 '꼬리'가 달린 두 조각의 DNA를 만든다(C-T-T-A-A-G의 상보적 염기를 뒤에서부터 읽으면 똑같이 C-T-T-A-A-G가 되기 때문이다!).

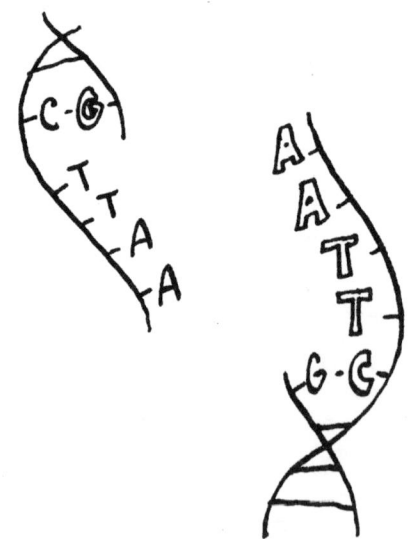

대장균은 ECO·R1을 이용해서 '적' 바이러스의 DNA를 난도질하지만, 사람들은 ECO·R1을 좀더 건설적인 용도에 이용하고 있다.

내 칼로 쟁기를 만들다니?

쟁기가 아니라 유전 공학 회사의 스톡 옵션을 얻었지.

우선 사람들은 두 곳, 즉 대장균과 사람에서 DNA를 추출한다. 그리고는 두 DNA를 같은 시험관 속에서 ECO·R1로 처리한다.

그러면 두 DNA는 모두 '스스로가 거꾸로 상보성을 갖는' 꼬리, TTAA를 갖는다.

그 꼬리들은 서로 맞물려 당-인산 골격의 갈라진 틈을 붙여주는 효소, 리가아제로 처리하면 재조합 DNA가 완성되는 것이다!

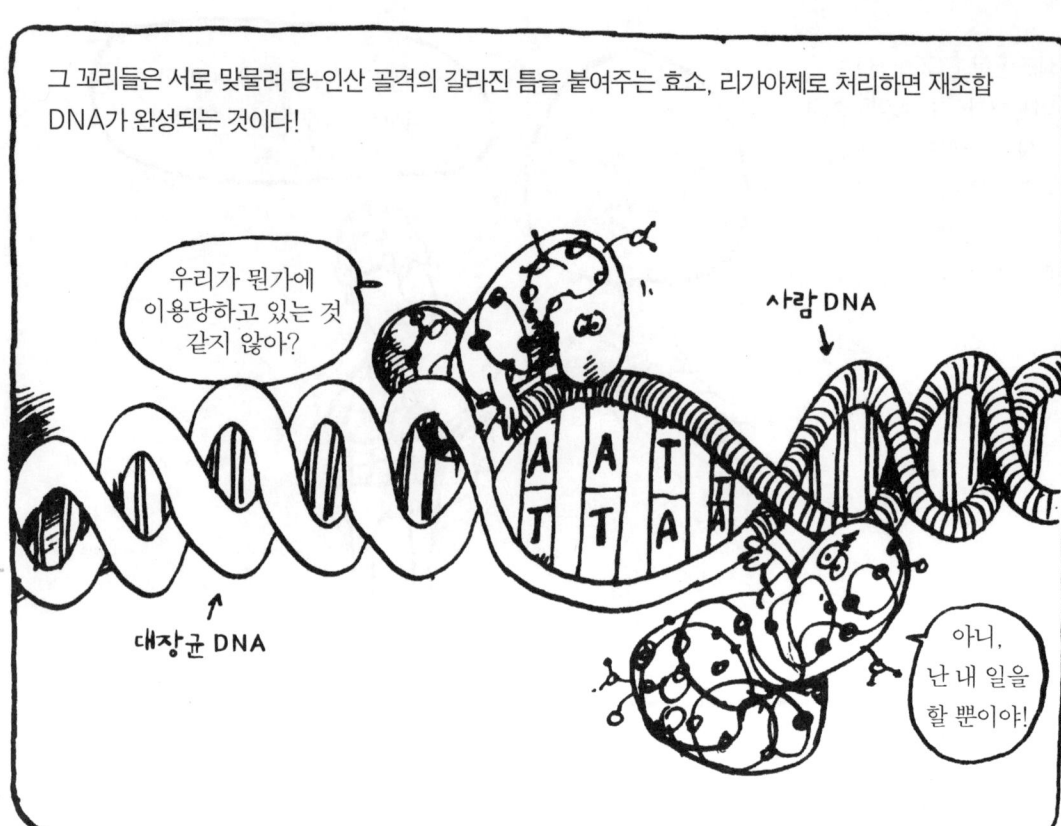

이 잡종 분자로 뭘 할 수 있을까? 재조합 DNA를 생명체에 끼워넣으면 어떤 일이 일어날까? 어떤 조건에서는 유전자 잘라 잇기가 실용화될 수 있다는 것이 밝혀졌다.

GENE CLONING

그 기술을 유전자 클로닝이라고 한다.
그 내용은 이렇다.

우선, 유용한 단백질의 암호가 들어 있는 사람의 유전자를 선택한다.

의대에 들어갈 수 있게 해주는 단백질 어디 없을까?

세균의 DNA에서는 세포로 다시 돌아간 뒤에 계속 복제되는 무언가가 필요하다. 소위 벡터라는 것이다.

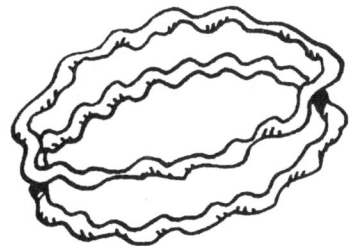

다행히, 대장균은 플라스미드라는 염색체와 분리된 작은 DNA 고리를 갖고 있다.
이제 G-A-A-T-T-C의 염기 서열을 가진 플라스미드를 택하여 세균에서 끄집어낸다.

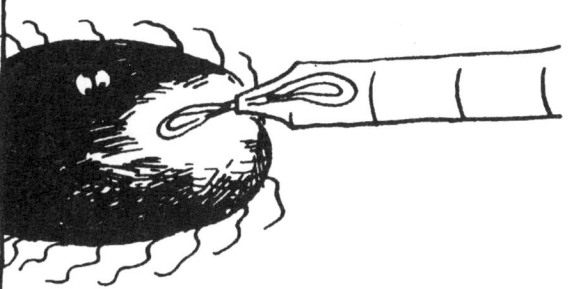

그리고 앞에서처럼, 사람의 유전자를 잘라 플라스미드에 잇는다.

그리고 그것을 대장균 속에 다시 집어넣는다.

형님! 보도 듣도 못한 염기 배열이 있습니다. 어떻게 할까요?

빨리 복제해서, 놈이 뭘 원하는지 알아봐라.

지금까지 과정은 단순하게 느껴질 것이다(원칙적으로는 그렇다). 실제에서는 많은 복잡한 문제들이 발생할 수 있지만, 실험실 사람들은 그 문제들을 대부분 해결했다. 이제 우리는 원하는 어떤 유전자라도 클로닝할 수 있다. 그리고 보통은 대장균을 이용하지만, 빨리 증식하는 다른 생물들도 이용한다. 효모 같은 진핵 생물까지 활용할 정도이다.

심지어 사람의 세포에도 유전자를 클로닝할 수 있다. 하지만 아직은 살아 있는 사람이 아니라, 페트리 접시 속의 세포에서나 가능한 일이다.

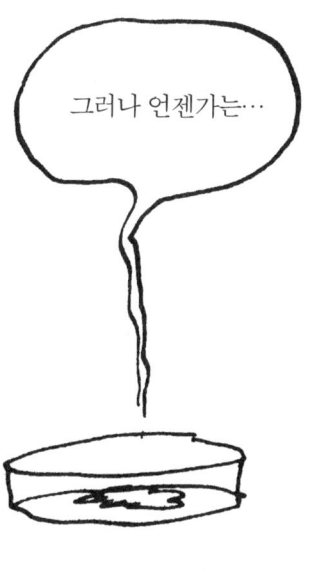

지금은 재조합 DNA로 생산한 몇 가지 단백질들이 의료용으로 쓰인다.

사람의 생장 호르몬은 소인증을 예방한다. 적절한 양을 투여하면, 유전적 조성 때문에 다소 작은 키가 될 사람들이 정상적으로 자랄 수 있다. 이 호르몬의 공급은 꾸준히 늘고 있다.

과용했나 봐!

인슐린은 혈액 속의 당을 분해하는데, 오랫동안 다른 방법으로 얻을 수밖에 없었다. 하지만 이제는 유전 공학으로 더 많은 인슐린을 더욱 싼값에 공급할 수 있어서, 당뇨병 환자들에게 큰 힘이 되고 있다.

누구나 케이크를 먹을 수 있도록!

항바이러스제인 인터페론은 한때는 너무 귀해서 돈이 있어도 구할 수 없을 정도였다. 이제는 수많은 대장균들이 인터페론을 만든다. 인터페론의 항암 작용에 큰 기대를 걸고 임상 실험이 계속되고 있지만, 특별한 경우를 제외하고는 아직 성공하지 못했다.

암이나 감기를 치료할 수 있을 거야!

하지만 그런 논란이 산업의 성장을 저지할 수는 없었다.

어디야? 내 손을 더럽힐 곳이?

이 일은 대학 밖에서도 문제를 제기했으니, 이런 것들이었다.

누가 119에 신고 좀 해줘요.

누가 신기술의 특허권을 보유할 것인가? 또 정확히 어떤 특허권을 얻을 수 있나? 어떤 실험 장비에 대해? 실험 과정에 대해? 아니면 특정한 생명체에 대해서?

흠…. 아무래도 경솔하게 일을 벌일 게 아니라, 우선 변호사와 상의해봐야겠어.

이 문제는 이미 미국 연방 최고 재판소까지 올라갔는데, 그곳에서는 새로 개발한 생명체에 대해 특허권을 취득할 수 있다는 판결을 내렸다!

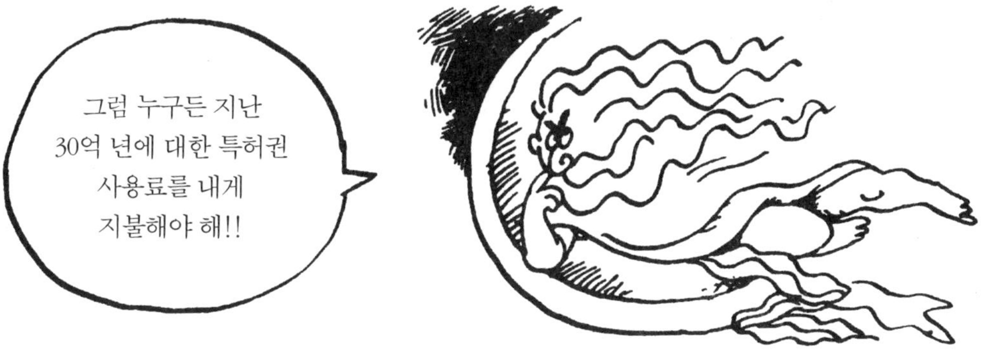

그럼 누구든 지난 30억 년에 대한 특허권 사용료를 내게 지불해야 해!!

그 결과 압박이 심해졌다. 교수들은 대학 실험실을 기업을 위해 사용한다며 서로를 비난했다. 대학원생들은 어떤 명백한 이유도 없이 자신의 연구 과제가 바뀐 것을 발견하게 되었다. 물론 질투와 시기심이 싹텄다.

유전자를 잘라서 잇는 사람들은 부자가 되는데, 쏘가리의 생식 주기를 발견한 나는 왜 계속 가난한 걸까?

이제 돈 문제는 잊어버리고 건강 문제로 넘어가는 게 좋겠다. 유전 공학이 출발하는 날부터 사람들은 실험실에서 괴물을 만들어낼까봐 걱정들을 했다.

대장균 DNA를 조작하다가 우연히 초강력 병균이라도 만들어내면 어쩌나 하는 걱정이었다.

대장균은 사람의 장에 살고 있다는 걸 기억하라. 만일 그 무서운 변종이 실험실을 빠져나온다면, 막을 방법이 없지 않은가! 프랑켄슈타인의 괴물이 이렇게 생겼다고 누가 생각이나 했는가 말이다.

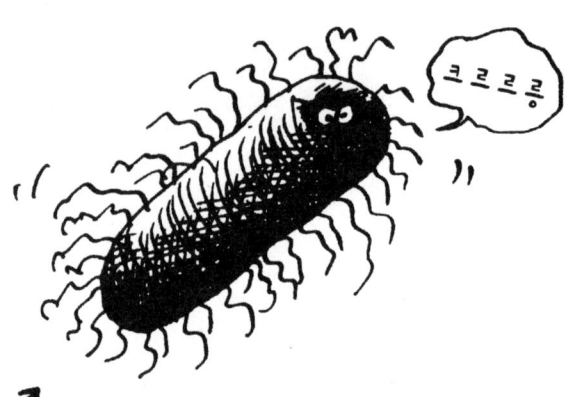

이런 잠재적인 위험을 피하기 위해서 과학자들은 자발적으로 몇 가지 지침을 채택했다.

처음보다는 이런 두려움이 상당히 줄어들었다. 그리고 아직은 어떤 말썽이 생길 조짐도 없다.

가장 반가운 이야기는, 보통 유전자 클로닝에 이용되는 대장균의 계통이 실험실에서 생활하는 동안 너무 길들어서, 사람의 장에서는 더 이상 살 수 없다는 것이다.

그렇다면 별로 걱정할 것이 없겠다. 비록 대학에서 채택한 안전 장치들이 민간 기업에서 제대로 지켜지지 않는 게 사실이긴 하지만….

그것보다는 누군가가 일부러 치명적인 병균을
만들 가능성이 더 크다. 누가 그런 짓을
하겠느냐고?

신기술을 군사적으로 이용하고자 하는 군사령관들이 있다는 사실은 이미 알려져
있으며, 그들은 대개 과학자들에게 강제적으로 일하게 만들 방법을 알고 있다.

국제 조약은 생물학전을 금지한다는 사실이 조금 위로가 되기는 하지만, 누가 알랴!

이는 과학 발전이 일으킨 정치적인 문제로, 20세기의 일상적 현실이 되었다.

이런 해악의 가능성이 유전자 잘라 잇기가 중단되어야 마땅하다는 뜻일까? 생물학자들이라면 거의 예외 없이 아니다라고 답할 것이다. 군사적 이용과 함께 의학의 발전까지 포기해야 하는 이유가 무엇이란 말인가?

게다가, 이 방법으로 만들 수 있는 무기라고 해야 기존의 것보다 그렇게 무섭지는 않을 것이다. 반면 의학의 발전은 진정한 혁명을 약속하고 있다.

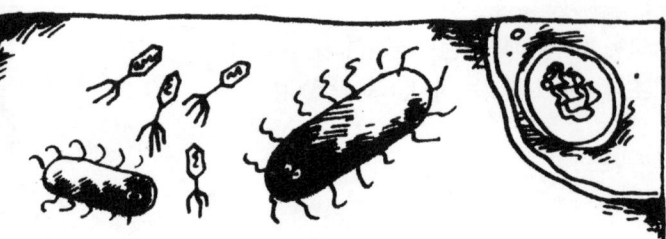

ON THE VERGE
눈앞에 닥친 일

지금까지 이 분야에서 거둔 성공은 주로 바이러스와 세균, 효모, 식물들에 대한 것이었다. 하지만 이제 사람을 대상으로 직접 연구할 날이 점점 가까워지고 있다.

그런데 사람을 대상으로 실험할 때에는 동물이나 세균을 실험할 때와는 다른 기준을 적용해야 한다.

다시 말해서, 그 실험 대상에 대해서는 친절을 베풀어야 한다는 거지.

그것이 바로 우리가 쥐의 발암 원인에 대해서는 아주 많은 것을 알고 있지만 사람에 대해서는 모르는 이유이다. 사람에게 암을 일으키는 원인을 찾기 위해 대체 어떤 실험을 할 수 있단 말인가?

지원자가 필요하다구?

말하자면, 사람에 대한 실험은 혼란을 불러일으킨다는 것이다. 최근에 있었던 지중해 빈혈을 치료하기 위한 시도는 좋은 예가 된다. 생각날지 모르지만 지중해 빈혈은 유전자의 중간에 실수로 종결 코돈이 끼어들면서 헤모글로빈을 제대로 만들지 못해서 생기는 병이다.

지중해 빈혈 환자는 빈혈증은 물론 골격 기형, 심장 질환 등으로 고통을 당한다. 그리고 살아남기 위해서는 자주 수혈을 받아야 하는데, 그래도 오래 살지는 못한다.

DNA 재조합이 성공하자, 의사들은 사람의 염색체에 정상적인 유전자를 끼워넣어 그 병을 고칠 수 있지 않을까 하는 희망을 품었다.

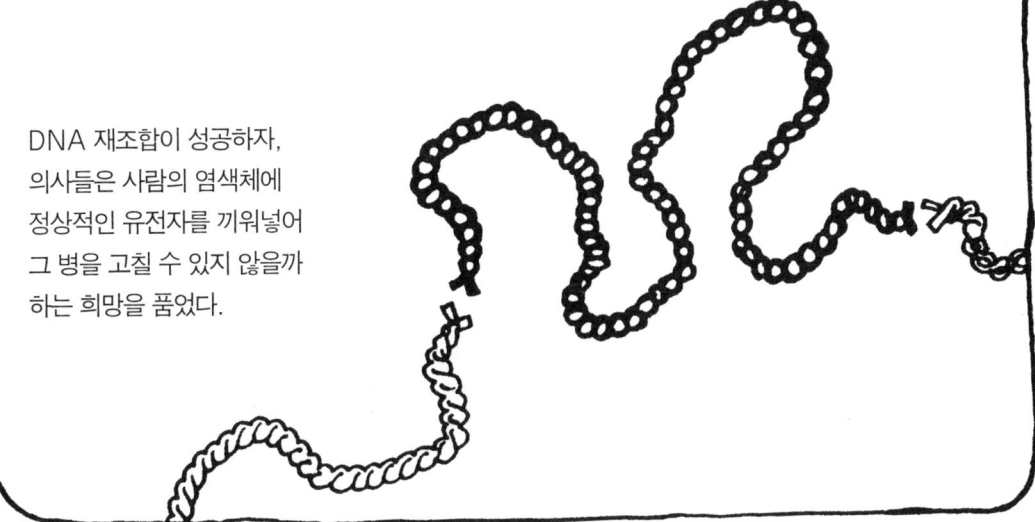

훌륭한 발상이다. 생쥐에서 똑같은 접근법이 이미 여러 차례 실패로 돌아갔다는 사실만 아니라면…. 그런데도 UCLA 의대의 한 연구팀은 사람들에게 그 일을 해보기로 결정했다!

그들은 두 환자의 넓적다리뼈에서 골수 세포를 끄집어냈다(이 세포들이 헤모글로빈을 생산하는 적혈구로 성장한다는 것을 기억하라).

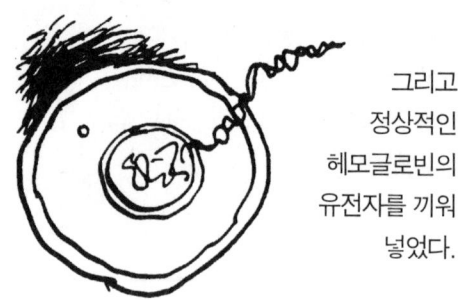
그리고 정상적인 헤모글로빈의 유전자를 끼워 넣었다.

원래의 골수를 무력화하기 위해서(그리고 새 세포들에 유리하도록) 넓적다리뼈에 방사선을 쬐었다.

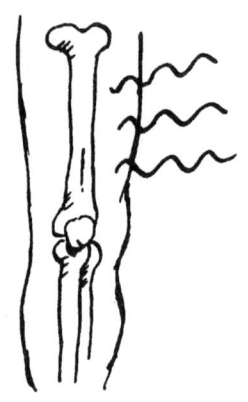

AND THE RESULT? 성과는?
▶▶▶ ABSOLUTELY NOTHING! 전무했다

(그때 이래로, 이 실험은 생쥐를 대상으로 이루어졌다.)

"울고 싶어라, 실험은 끝나고…"

"환자는 떠나고…"

의사들은 이 실험으로 엄청난 비난 공세에 시달렸다.

하지만 몇 가지 반론도 제기되었다.

그런 절차가 심지어 동물에서조차 성공한 적이 없다는 점에서, 어떻게 하면 사람의 헤모글로빈 유전자를 포유류의 세포에 집어넣어 다량으로 형질이 발현되도록 할 것인가 하는 점은 아직도 확인되지 않았다.

포유류에서의 형질 발현 조절은 아직도 한밤중이라구!

UCLA 위원회는 사람을 대상으로 하는 실험을 승인하지 않았다. 하지만 두 병원(이탈리아와 이스라엘)에서는 승인을 받고 실험 중에 있다.

방사선 요법은 분명히 환자들의 병세에 아무런 효과가 없었다. 반면 두 환자는 어떤 실험인지 충분히 이해하고 있었고, 기꺼이 동의했다.

지푸라기라도 잡고 싶었던 걸까?

그 뒤 의사들은 징계를 받았고, 한 사람은 진료과장의 자리에서 물러나야 했다. 이제 여러분도 알았을 것이다. 사람을 대상으로 한 실험은 위험하다는 것을!

의사들한테 위험하다는 거야!

그럼에도 최초의 유전자 치환 치료법은 이 방법으로 이루어질 가능성이 가장 높다. 가장 이식이 쉬운 조직이 골수이기 때문이다.

다음은 이런 방법으로 치료할 수 있는 몇 가지 질병들이다.

지중해 빈혈이 있다. 비록 UCLA의 실험 결과는 그 일이 결코 쉽지 않으리라는 것을 말해주지만….

처음에 성공하지 못했으면…

겸형 적혈구 빈혈증은 주로 흑인들에게 나타나는 헤모글로빈 기형이다. 이 병의 치료는 훨씬 어려울 것이다. 돌연변이 유전자가 열성이 아니라 공동 우성이기 때문이다.

게다가 헤모글로빈의 형질 발현 조절은 아직도 풀리지 않은 수수께끼거든요.

혈우병은 한 가지 혈액 단백질의 결핍으로 생기는 것으로, 비교적 쉽게 치료할 수 있을 것이다.

공주야, 이제 한숨 놓아도 되겠구나.

그리고 골수의 열성 유전자 때문에 생기는 선천성 면역 결핍증이 있다. 현재 이 병에 걸린 사람은 무균실에 격리된 채로 살아야 한다.

빨리 연구 좀 잘해서 나 좀 꺼내줘요!

물론 동식물에 대한 제한은 사람에 대한 것보다 적다(어떤 사람들은 이 일을 참을 수 없어 하지만).

따라서 동식물과 관련해서는 발전이 더 빨리 이루어졌다. 세균의 유전자를 집어넣어 곤충에 대해 독성을 갖도록 한 목화와 토마토, 담배 등의 작물이 이미 재배되고 있다.

과학자들은 유전자 치환 동물에 큰 관심을 보이고 있다. 이는 다른 종의 몇몇 유전자를 포함한 동물을 말한다.

예컨대 소의 생장 호르몬을 가진 돼지이다. 이 돼지들은 더 빨리 자라고 지방이 적을 것이다. 하지만 궤양과 관절염 같은 문제가 있다. 따라서 소돼지 고기를 맛보려면 좀더 기다려야 할 것이다.

유전자 치환 식물과 동물들은 그들의 자손에게 유전자를 물려줄 수 있다. 그 유전자들이 발생 초기에 삽입되어 정자와 난자 세포들도 가질 수 있기 때문이다. 따라서 사람에게 이런 실험을 하는 문제는 윤리적인 면에서 열띤 논쟁을 불러일으킬 것이다.

하지만 그 일은 그리 멀지 않았다. 시험관에서 수정되고 몇 번의 세포 분열을 거친 뒤 엄마의 자궁에 이식되어 그곳에서 자연스럽게 자라는 시험관 아기는 이미 상식이 되어버렸다.

수도사 멘델이라면 이 일에 대해 뭐라고 했을까?

다음 단계는 시험관 속의 태아를 유전 공학으로 처리하는 일일 것이다.

이런 조작의 범위는 특수한 결함을 고치는 유전자 치료법부터⋯. 글쎄, 장차 어디까지 나아갈지 어느 누가 알랴?

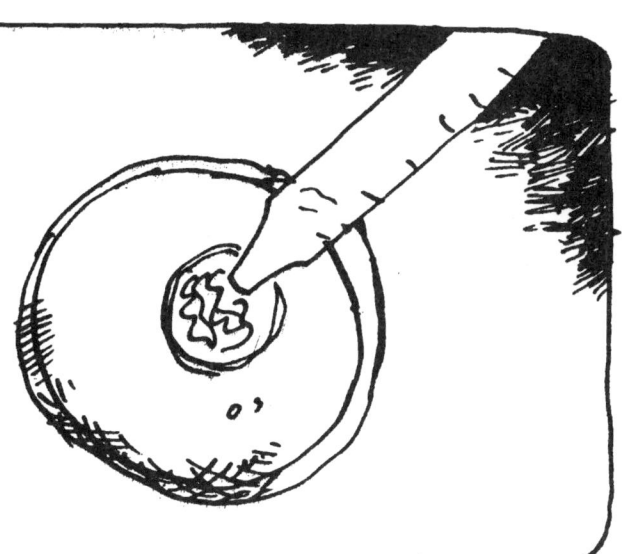

더 나아가 사람을 클로닝할 수도 있다. 수정란의 핵을 전체적으로 제거하고 다른 사람의 핵을 바꿔넣는 것이다.

그 뒤 이 수정란을 유전적으로 관계가 없는 어머니에 이식한다.

이렇게 태어난 아기는 핵을 준 누군가(또는 무엇인가)와 똑같은 유전자를 갖게 될 것이다.

억지 소리라고? 과학자들은 이미 개구리와 쥐를 클로닝하는 데 성공했다.

이 기술을 이용하면 살아 있는 사람을 여러 명 똑같이 복제할 수도 있다.
우리는 그런 세계를 원하는가, 클론의 세계를?

대체… 뭐가…
잘못이라는… 건가!

질문이 쏟아질 것이다. 어떤 사람의 클론을
만들 것인가? 그건 누가 결정하는가?
순전히 돈으로 결정할까? 법으로 정할 수 있을까?
복제하기에 가장 적당한 사람들을 선발하는
사람 감별사가 생겨날까?

저리 비켜,
이 약골들아!

과거 누군가가 지배자 민족이란 것을
키우려고 했을 때, 그것은 참으로
불행한 경험이었다.

아니면 우리가 너무 비관적인가…. 어쩌면 미래는 사람에 맞춰 옷을 만드는 것이 아니라 옷에 맞춰 사람을 유전 공학적으로 처리하는 무서운 시대가 될지도 모른다.

걱정되는 것은 우리 자신의 유전자뿐만이 아니다. 우리 행성 전체의 유전적 다양성도 문제가 된다. (지구는 마치 거대한 세포와 같지 않은가?)

모든 생물이 서로 의존해서 살아간다는 것은 새로울 것도 없는 자명한 진리이다. 고릴라는 바나나를 먹고, 바나나는 흙 속의 영양분을 먹고, 그 영양분은 세균의 활동으로 생기고, 다른 세균은 고릴라의 소화를 돕고, 또 다른 세균은 고릴라의 배설물을 분해하고…

BUT WE HUMANS

그러나 현대에 들어서면서 폭발하는 인구, 자원 고갈, 현대적 농경 방식, 공해는 우리의 환경을 철저히 파괴시키고 있다. 그 결과 해마다 수백 종의 동식물이 멸종하고 만다.

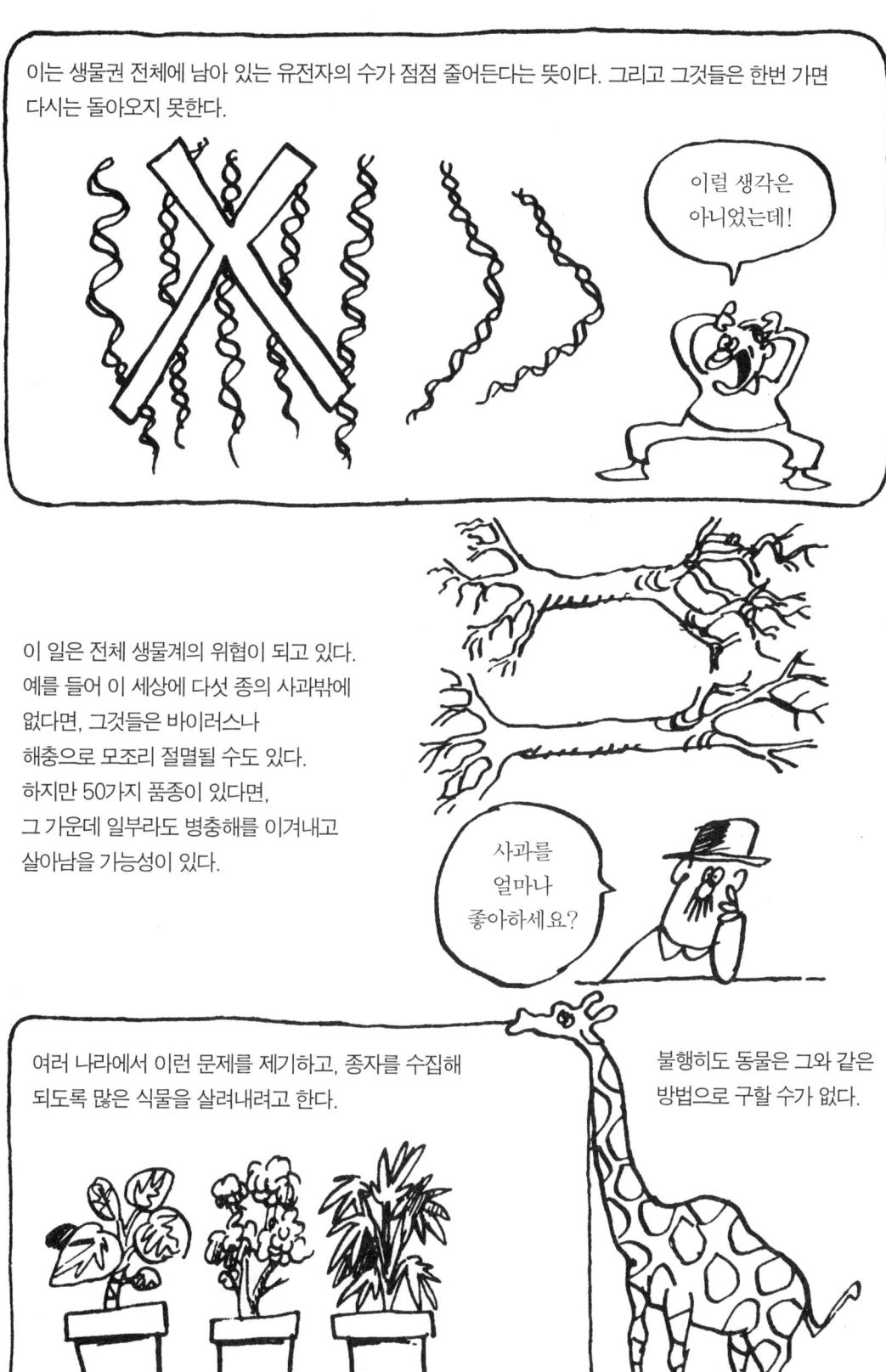

유전 공학으로 새로운 유전자 조합이 만들어지면 어느 정도 도움이 될 것이다. 하지만 이는 아직 먼 미래의 일이다.

또한, 제한된 대립 유전자만이 재조합한다면, 유전 공학의 가능성이 제한을 받을 수도 있다.

우리는 지금 우리 스스로의 두려운 힘을 목격하고 있다.

한편으로 우리는 숲을 벌거벗기고, 토양을 침식하고, 농지를 사막으로 바꾸어놓고, 유전자 풀(GENE POOL)의 건강한 다양성을 고갈해버리는 맹목적인 힘과 마주하고 있다.

다른 한편으로, 우리는 유전 공학의 증대되는 힘에 제대로 대처해야 한다. 유전 공학은 인간성의 본질까지 바꾸겠노라고 약속(또는 위협)하고 있다. 그것이 제기하는 문제에 대해 우리는 토론을 위한 용어조차 제대로 갖추지 못했다. 어떤 결정을 내릴 사회 정치 제도는 더 말할 필요도 없다.

힘이 있으면 현명한 선택을 할 의무도 함께 져야 한다. 이는 어느 정도는 정확한 지식에 달린 문제이다. 어떻게 보면, 우리는 한 바퀴를 빙 돌아 다시 모두가 생물학자여야 하는, 그리고 세상 만물이 학교인 시대로 돌아왔는지도 모른다.

BIBLIOGRAPHY 더 읽을 책들

STUBBE, H., *HISTORY OF GENETICS FROM PRE-HISTORIC TIMES TO THE REDISCOVERY OF MENDEL'S LAWS*, M.I.T. PRESS, 1972. HARD TO FIND, BUT A FINE SCHOLARLY HISTORY OF GENETICS TO 1900.

DUNN, L. C., *A SHORT HISTORY OF GENETICS*, McGRAW-HILL, 1965. MORE PRE-1939 GENETICS. GOOD PIX.

JUDSON, H. F., *THE EIGHTH DAY OF CREATION*, SIMON & SCHUSTER, 1979. READABLE HISTORY OF MOLECULAR BIOLOGY.

WATSON, J.D., *THE DOUBLE HELIX*, ATHANEUM, 1968. ONE OF THE DISCOVERERS OF DNA'S STRUCTURE TELLS HIS STORY. FLIPPANT AND SEXIST, BUT FASCINATING.

SAYRE, A., *ROSALIND FRANKLIN AND DNA*, NORTON, 1978. AN ANTIDOTE TO WATSON'S BIAS.

CURTIS, H., *BIOLOGY*, 2ND EDITION, WORTH, 1975. A GOOD GENERAL BIO TEXT, FOR MORE ON MOLECULES AND CELLS.

AYALA, F.J., + KEIGER, J.A., *MODERN GENETICS*, BENJAMIN CUMMINGS, 1980. ONE OF MANY UP-TO-DATE TEXTS.

STENT, G. + CALENDAR, R., *MOLECULAR GENETICS*, 2ND EDITION, FREEMAN, 1978. ALL THE DETAILS. (THN FIRST EDITION, BY STENT ALONE, IS A CLASSIC, THOUGH DATED.)

WATSON, J.D., *MOLECULAR BIOLOGY OF THE GENE*, 3RD EDITION, W.A. BENJAMIN, 1976. MORE DETAILS.

CAVALIERI, L. F., *THE DOUBLE-EDGED HELIX*, COLUMBIA U. PRESS, 1981; SUBTITLED "SCIENCE IN THE REAL WORLD".

CHARGAFF, E., *HERACLITEAN FIRE*, ROCKEFELLER U. PRESS, 1978. A CRANKY MEMOIR BUT MAYBE WE SHOULD LISTEN TO HIM!

WADE, N., *THE ULTIMATE EXPERIMENT: MANMADE EVOLUTION*, WALKER & CO., 1977. RECOMBINANT DNA, BY ONE OF OUR BEST SCIENCE WRITERS.

ALSO: *SCIENTIFIC AMERICAN* MAGAZINE REGULARLY PRINTS ARTICLES ON RECENT DEVELOPMENTS, AND SO DOES YOUR DAILY NEWSPAPER!

INDEX 찾아보기

| ㄱ |

가루받이 14
감수 분열 69, 70, 92, 93
겸형 적혈구 빈혈증 206
고분자 110, 111
골수 세포 169
공동 우성 대립 유전자 168
교차 77, 82, 83
구아닌 126, 128
구아닌 모자 152
군사적 이용 200, 201
그리피스 122, 123
글리신 115
길버트 177
꽃 36, 37
꽃가루 37
꽃밥 37

| ㄴ |

난자 35
난자의 염색체 67, 68
녹말 111
뉴클레오솜 코어 156
뉴클레오티드 112, 132, 133, 154
니런버그, 마셜 140

| ㄷ |

다당류 111

다윈 61
단백질 112, 114~119, 135
단백질 사슬 116
단백질 합성 139
단백질막 160
단상 74, 95
당 110~113
대립 유전자 48~56, 60
대립 유전자의 조합 60
대머리의 유전 97~99
대장균 106~108, 191, 192, 198, 199
대장균의 DNA 복제 132
도약 유전자 181~184
독립의 법칙 54, 76
돌연변이원 88
동원체 65
드브리스, 휴고 71, 72
디옥시리보오스 112

| ㄹ |

레디, 프란체스코 28
레벤후크, 안토니 반 29~32
레트로바이러스 162
류신 115
리가아제 190
리더 염기 179
리보솜 144~149
리보오스 112, 138
리프레서 175~177

| ㅁ |

마술 14~16
멀러 88
메티오닌 146
멘델, 그레고르 43~54, 61
면역 결핍증 206
멸종 212~214
모노, 자크 172, 173, 175
물 110
뮐러-힐 177

| ㅂ |

바이러스 160~163
반복성 DNA 158, 159
방추사 65, 68
배수체 74
배우자 67
번역 137
벡터 191
보넬리아 96
보조 단백질 135
복상 74, 95
복제 원점 132
부분 유전자 184
분자 110, 111
붉은빵곰팡이 120, 121
비들, 조지 120
빅토리아 여왕 100, 101

| ㅅ |

사람을 대상으로 한 실험 202~205, 208~211
사람의 생장 호르몬 194
사람의 클로닝 209
산소 110

상동 염색체 70
상동 염색체쌍 68~70, 73
상보성 130
상보성의 원리 130, 134
상보적인 코돈 140~143
상자 그림 50, 51, 54, 79, 80, 99
색맹 97, 98
생식 9~11
샤가프, 어윈 127
서턴, 윌리엄 68, 72
성 10, 11
성 연관 유전자 97~101
성의 결정 90~93
세균 31
세균의 유전자 207
세포 62~70, 103~107
세포 분열 63
세포 핵 64, 150
셀룰로오스 111
소의 생장 호르몬 207
소출이 많은 작물 13
소크라테스 18
소화 효소 118
수소 110
수소 결합 128
수정 35
스플리스오솜 153
시스테인 115
시토신 126, 128
시험관 아기 208, 209
식물의 성 36, 37
신경 세포 104
씨방 37

| ㅇ |

아데닌 126, 128

아리스토텔레스 20~31
아미노산 114~117
아스파라긴 115
안정된 품종 39
안티코돈 142, 143
암 89
암술 37
왓슨, 제임스 128~131
야곱의 염소 15, 16, 39, 56
억제 물질 175, 176
에이버리, 오스월드 124, 125
엠페도클레스 22
역전 효소 182
열성 대립 유전자 87
열성 유전자 206
열성 형질 46, 47, 59, 167
염기 112, 113
염기 서열 136
염기쌍 128, 129
염색체 수 66
염색체 지도 75~84
오페론 173, 179~180
완두의 유전 연구 44~55
우라실 138
우성 형질 46, 54, 59
우성과 열성 유전자 46~54, 59
원생동물 63, 96
원시인 7~10
유도되는 효소 177
유전 공학 185~201, 212~215
유전 암호 140~143, 151
유전 암호 일람표 141
유전 이론 18
유전 형질 60
유전자 48, 60, 102
유전자 돌연변이 85~88, 164~167
유전자 바꿔치기 77, 82, 83

유전자 발현 180
유전자 지도 75~84
유전자 치료법 209
유전자 치환 동물 207, 208
유전자 클로닝 191~194, 199
유전자와 효소 120~122
유전자형 55
유전적 다양성 212~214
유전학자 38
응용 유전학 12
이기적인 DNA 159
이중 나선 129~131
인산 110, 112, 113
인슐린 194
인터페론 194
인트론 154
일광욕 89

| ㅈ |

자연 발생 26~29
자외선 89
자콥, 프랑수아 172, 173, 175
잡종 39~40
재조합 DNA 186, 190, 194
재조합 염색체 82
적혈구 104, 169
전령 분자 137
전사 139, 154, 179
절단 효소 132, 133
접합자 67
정액 19, 20, 31, 32
정자 31, 32, 34, 35
정자의 염색체 67, 68
정크 DNA 153, 154
젖당 172~177
젖당과 대장균 172~177

제한 효소 188
종결 신호 141, 147
중합 효소 133
지중해 빈혈 165, 167, 203, 206, 207
지질 111
진핵 150~154
질소 110
짝짓기 11

| ㅊ |

체르마크, 에리히 폰 71, 72
체세포 89
체세포 분열 61~66
춤추는 쥐 17
카메라리우스 36

| ㅋ |

코돈 139~143
코렌스, 카를 71, 72
크릭, 프랜시스 128~131
크세노폰 17
클라인펠터 증후군 93

| ㅌ |

탄소 110
터너 증후군 93
테이텀, 에드워드 120
트란스포존 183
트립토판 115
특허권 197
티민 126, 128

| ㅍ |

파스퇴르 63
퍼루츠, 맥스 114
페닐알라닌 115, 140
펩티드 116
폐렴 쌍구균 122~123
포도당 110
포유류의 난자 33~35
폴리A 꼬리 152
폴리펩티드 116
표현형 51
품종 개량 12
프랭클린, 로잘린드 127
프로모터 173~175
플라스미드 191

| ㅎ |

하비, 윌리엄 33, 34
항체 183, 184
핵막 152
핵산 112, 113, 160
헤르트비히, 오스카 35
헤모글로빈 114, 164, 165, 203~205
헤테로 55~58
현미경 29, 30
혈액형 168
혈우병 97, 100, 101, 206
형질 발현의 조절 170~184
형질 전환 물질 124
호모 51, 57
환경 212, 214
황 110
효모 193
효소와 유전자 120~122
훅 62

히스티딘 178~180
히스티딘과 대장균 178~180
히포크라테스 19

〈기타〉

4분 염색체 69
AIDS 바이러스 162
DNA 복제 131~134
DNA(디옥시리보핵산) 113
DNA의 염기 서열 135, 136
Eco~R1 효소 188, 189
mRNA 139, 145, 148, 149, 151, 179
mRNA의 고리 153~154
RNA 113, 138
RNA 중합 효소 139, 173, 174, 179, 180
rRNA 144, 149
tRNA 142~147, 149
X 염색체 11~95, 97~99
XXY 증후군 93
XYY 핵형 94
X선 88
X와 Y 염색체 91~95, 97~99
Y 염색체 91~95, 97~99

윤소영

1961년 서울에서 태어나 서울대학교 생물교육과를 졸업했다. 현재 중학교에서 아이들 가르치면서 과학책을 쓰고 옮기는 일을 하고 있다. 지은 책으로『교실밖 생물여행』,『숲은 누가 만들었나』,『종의 기원, 자연선택의 신비를 밝히다』,『윤소영 선생님의 생물에세이』,『생명의 탐험대, 시간 다이얼을 돌려라』등이 있고, 옮긴 책으로는『딱정벌레의 세계』,『판스워스 교수의 생물학 강의』,『동물의 행동』,『동물의 집』,『살아 있는 모든 것의 정복자 곤충』,『생각의 탄생』등이 있다.

세상에서 가장 재미있는 유전학

1판 1쇄 펴냄 2000년 6월 2일
2판 1쇄 찍음 2022년 12월 5일
2판 1쇄 펴냄 2022년 12월 15일

그림 래리 고닉
글 마크 휠리스
옮긴이 윤소영

주간 김현숙 | **편집** 김주희, 이나연
디자인 이현정, 전미혜
영업·제작 백국현 | **관리** 오유나

펴낸곳 궁리출판 | **펴낸이** 이갑수

등록 1999년 3월 29일 제300-2004-162호
주소 10881 경기도 파주시 회동길 325-12
전화 031-955-9818 | **팩스** 031-955-9848
홈페이지 www.kungree.com
전자우편 kungree@kungree.com
페이스북 /kungreepress | **트위터** @kungreepress
인스타그램 /kungree_press

한국어판 ⓒ 궁리출판, 2007.

ISBN 978-89-5820-694-1 07470
ISBN 978-89-5820-690-3 (세트)

책값은 뒤표지에 있습니다.
파본은 구입하신 서점에서 바꾸어 드립니다.